U0382695

高级氧化与生物降解近场耦合水处理技术

周丹丹　董双石　崔晓春 等　著

科 学 出 版 社

北　京

内 容 简 介

本书在介绍高级氧化与生物降解近场耦合水处理技术的原理与构型基础上，对处理技术的特有优势、构建途径、运行效能、耦合机制、增效手段与动力学解析等方面进行了详细论述，为难降解污染物的去除、难降解废水的无毒无害化排放提供崭新的思路。

本书可供市政工程、环境科学与工程等领域的工程技术人员、科研人员和管理人员参阅，也可作为高等学校相关专业师生的参考用书。

图书在版编目（CIP）数据

高级氧化与生物降解近场耦合水处理技术/周丹丹等著. —北京：科学出版社，2023.3

ISBN 978-7-03-069577-2

Ⅰ. ①高… Ⅱ. ①周… Ⅲ. ①污水处理－研究 Ⅳ. ①X703

中国版本图书馆 CIP 数据核字（2021）第 164363 号

责任编辑：孟莹莹 / 责任校对：邹慧卿
责任印制：吴兆东 / 封面设计：无极书装

科学出版社 出版
北京东黄城根北街 16 号
邮政编码：100717
http://www.sciencep.com
北京建宏印刷有限公司 印刷
科学出版社发行 各地新华书店经销
*
2023 年 3 月第 一 版 开本：720×1000 1/16
2023 年 3 月第一次印刷 印张：7 1/2
字数：151 000

定价：99.00 元
（如有印装质量问题，我社负责调换）

前　言

随着工业化进程的推进，大量含有毒性或抑制性有机污染物的工业废水排放至水体，严重危害生态环境与人类身体健康。在当前水环境质量标准逐渐提高的背景下，亟待研发针对此类废水的高效深度处理与毒性削减技术。高级氧化技术具有效率高、氧化性强等特点，对难生物降解有机污染物本体的处理存在一定优势，但往往存在着有机物矿化不彻底的问题，且高级氧化不充分还可能产生毒性更强的产物。生物降解对污染物的矿化具有技术与成本优势。因而，高级氧化与生物降解近场耦合技术在难降解污染物的处理方面具有独到的优势，可以实现对难生物降解污染物高效降解的同时进行有效的矿化。在节省成本、节约占地空间和简化反应流程的前提下，该技术能大幅提高典型工业废水、生活污水的处理效率与出水水质，且具有能源回收的潜力。

因此，基于作者团队在高级氧化与生物降解耦合技术方面的长期与深入的科学研究，我们撰写了本书，详细地阐述了高级氧化与生物降解近场耦合技术原理与构型、光催化氧化-生物降解近场耦合技术、高级氧化与生物降解近场耦合阳极电解池、臭氧氧化-生物降解近场耦合技术、共基质强化高级氧化与生物降解近场耦合反应及近场耦合反应动力学模型，以期为污水中难降解污染物的深度去除、难降解废水的无毒无害化排放提供崭新的思路，实现该技术的工程应用。

全书由周丹丹、董双石统稿。本书是东北师范大学水污染控制与可持续发展团队在高级氧化与生物降解近场耦合领域长期积累和思考后梳理撰写的。书中总结了国内外高级氧化与生物降解近场耦合技术经典的工作，也包括团队教师和研究生多年来大胆设想和合作研究所取得的成果。本书是研究团队集体智慧的结晶，也得益于师长及同行的鼓励与帮助。特别感谢为本书的研究成果做出贡献的老师和研究生，他们是崔晓春、付亮、付绍珠、于博洋、熊厚锋、郭雲、马冬梅、苏媛毓、于洋、史俊龙、马跃、赵明月、崔志成，感谢各位为本书出版做出的贡献。

本书的相关研究工作得到了国家自然科学基金项目（51678270，51722803）的资助，在此表示感谢。

由于作者水平有限，书中可能存在疏漏之处，望广大读者批评指正。

作　者

2022 年 3 月于长春

目　　录

第 1 章

高级氧化与生物降解近场耦合技术原理与构型

1.1 基 本 概 念

高级氧化与生物降解近场耦合技术，是指利用材料的多孔结构巧妙实现高级氧化与生物降解反应在发生时间与宏观空间上同步、在微观区域上有效分隔的污/废水处理工艺。其中，高级氧化反应发生在多孔材料表面，而生物降解行为发生于材料孔隙内部。具体地，在多孔载体表面实现光催化氧化、臭氧氧化或电芬顿反应，产生羟基自由基等活性物种，攻击难生物降解有机物生成可生物降解中间产物；在载体内部的孔隙中培养成熟的生物膜，避开了活性物种的攻击而维持了微生物代谢活性与生物量稳定，使其能够迅速利用并深度矿化高级氧化反应的产物，大幅削减出水毒性。

1.2 基 本 原 理

传统的高级氧化与生物降解耦合模式为二者在不同反应单元中分段运行。高级氧化技术用于废水预处理，将污染物降解为毒性更低、可生物降解性更好的中间产物，微生物则在后续单元中通过生物代谢作用将这些产物进一步降解或完全矿化。

这种传统耦合技术运行存在着显著的弊端。首先，预处理程度依赖于进水组分的性质与浓度，后续生物处理则需要依据预处理效果调整水力停留时间等运行参数，废水水质和水量波动会导致耦合工艺在运行效果和管理维护上存在突发性、偶然性和不确定性。比如，当进水负荷突然增加，高级氧化程度不足，使得废水中依旧存在生物抗性物质，从而引起后续生物体系中毒甚至崩溃。其次，高级氧化一般具有反应迅速、水力停留时间短的特点，难以精准控制反应生成易生物降解产物，高级氧化预处理过度会造成不必要的浪费，高级氧化不足又将导致产物生物抑制性强和微生物失活的问题。此外，高级氧化常产生无选择性的强氧化自由基作为活性物种，使得易生物降解类中间产物也消耗自由基，难降解有机物反而得不到更多的自由基发生氧化反应，造成了大马拉小车的囧境。

高级氧化与生物降解近场耦合技术能解决上述传统耦合模式的弊端。多孔载体为高级氧化反应与生物降解作用提供了独特的空间区域，不仅为微生物生长和生物膜的形成提供支撑和保护，还使微生物瞬时利用了高级氧化反应产生的可生物降解产物，该技术的原理示意图如图 1.1 所示。以光催化氧化-生物降解近场耦合技术为例，高级氧化与生物降解近场耦合体系的作用机理具体如下：将光催化纳米材料负载于多孔材料表面，生物膜培养于载体孔隙内部，在光激发作用下半导体纳米材料产生多种强氧化物种，如空穴 h^+、$\cdot OH$、$\cdot O_2^-$、H_2O_2 等。强氧化自由基半衰期短，不会进入载体内部伤害生物膜，但是能够在载体表面原位将水中难降解污染物分解生成中间产物。进一步地，这些中间产物传质至孔隙内部被生物降解作用矿化，生成 H_2O 和 CO_2。

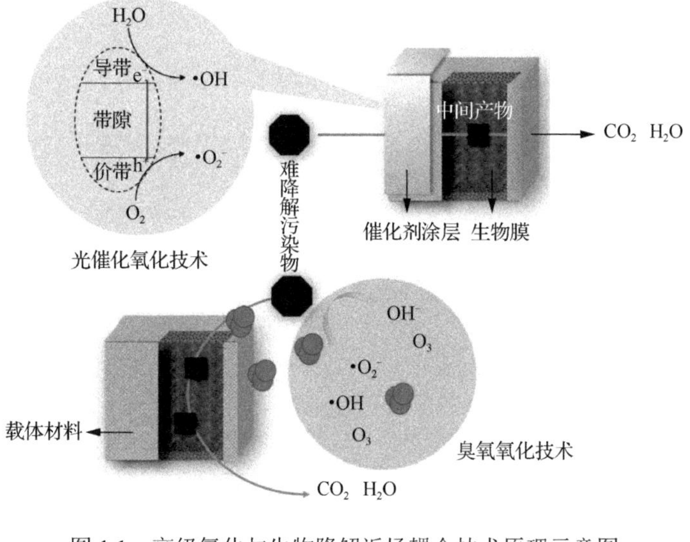

图 1.1　高级氧化与生物降解近场耦合技术原理示意图

1.3 基本结构

1.3.1 多孔载体

多孔材料是高级氧化与生物降解近场耦合技术中承载生物膜和催化剂的载体，其应当满足下列条件：①具有适宜的湿密度和亲水性，能够在废水中悬浮，废水中的有机物和营养组分，以及高级氧化产物能在其孔隙中高效传质；②具有适宜的孔隙率，其骨架为催化剂提供足够的负载面积，其孔隙体积满足生物膜的附着空间；③具有相当的物理与化学稳定性，在工艺长期运行过程中无显著磨损并不会被自由基氧化；④具备理想的生物兼容性，有助于微生物膜初期附着、形成与稳定。目前，已用于高级氧化与生物降解近场耦合技术的多孔材料有多孔纤维素、蜂窝陶瓷、泡沫碳和聚氨酯海绵等，如图 1.2 所示。

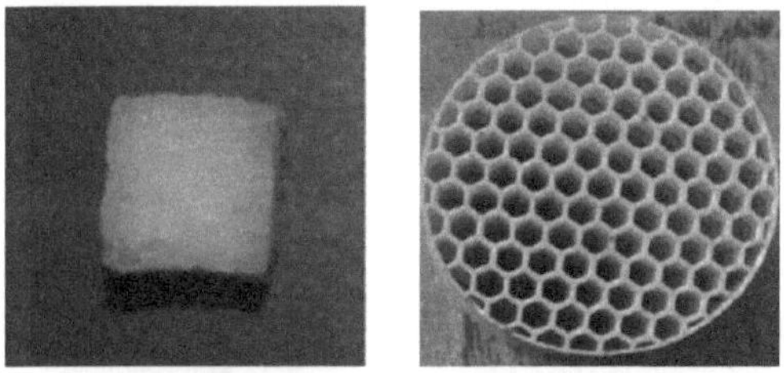

（a）多孔纤维素　（b）蜂窝陶瓷

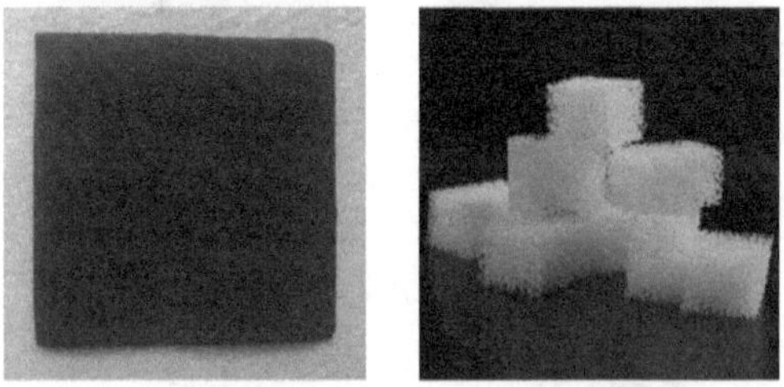

（c）泡沫碳　（d）聚氨酯海绵

图 1.2　近场耦合体系使用的载体材料[1-4]

多孔纤维素材料湿密度接近于水，为 1.04g/cm^3，平均孔隙率为 93%，具有生物相容性，微生物可以稳定地附着于其骨架上。2008 年，Marsolek 等[1]首次提出光催化氧化-生物降解近场耦合（intimate coupling of photocatalysis and biodegradation,

ICPB）的概念，其载体就选用了多孔纤维素立方体（边长为 4mm），表面带正电，对 2,4,5-三氯苯酚具有一定的吸附能力。尽管纤维素载体具有理想的孔结构，可以保护孔隙内部微生物，但在紫外辐射与羟基自由基的攻击下，载体会逐渐被氧化和焦化。此外，纤维素载体对光催化材料的负载能力较弱，不能长时间维持 ICPB 的光催化性能。

北京大学温东辉等[2]与上海师范大学阎宁等[3]，制备了蜂窝陶瓷球作为 ICPB 体系的载体，其湿密度为 1.03～1.05g/cm^3，比表面积为 0.2～0.3m^2/g。与多孔纤维素材料相比，蜂窝陶瓷显著提高了 TiO_2 的负载量，且在紫外光照下具有较好的稳定性。但是，蜂窝陶瓷因制作复杂，并未得到广泛应用。

目前，在 ICPB 体系中应用最为广泛的载体即为聚氨酯海绵，其湿密度为 1.01～1.02g/cm^3，比表面积约为 4.8m^2/g，并且具有较高的孔隙率（85%以上），内部孔径为 50～500μm。Li 等[4]使用商业聚氨酯海绵作为光催化剂和微生物的载体，聚氨酯海绵立方体边长为 3.5±0.3mm，不仅光催化负载率高且微生物附着稳定性好。Wen 等[2]利用多孔陶瓷材料与聚氨酯海绵构建了 ICPB 体系，发现聚氨酯海绵中生物膜的培养时间约为 10d，而多孔陶瓷则需要 30d。

基于 ICPB 理论的电解池中（详见第 3 章）采用了网状泡沫碳电极作为阳极，密度为 0.08～0.80g/cm^3，压缩强度为 1.0～2.0MPa。马冬梅等[5]采用多孔泡沫碳为载体，制备了光催化氧化-生物降解近场耦合燃料电池阳极，利用泡沫碳的多孔性和导电性能，搭建了光催化微生物燃料电池（photocatalytic microbial fuel cell, PMFC），实现了醋酸钠、4-氯酚等有机物降解的同时产生电能。

1.3.2　催化剂与氧化剂

ICPB 体系中的高级氧化反应，是微生物对有机物毒性削减与矿化的前提条件，其目的是将有机物转化为可生物降解的中间产物，再为微生物代谢提供适宜的底物。应用于 ICPB 技术的高级氧化反应主要包括紫外光解、光催化氧化和臭氧氧化[6-9]等。

紫外光解过程中，化合物吸收光子，然后通过光照诱发能量释放从而实现氧化反应，破坏苯酚母体结构。在紫外光的激发与生物降解的协同作用下，苯酚去除率较单一生物降解提高了28%，较单一光解提高了22%，化学需氧量（chemical oxygen demand, COD）去除率达到84%。张永明课题组对该体系开展了系统的研究工作，包括对典型生物抑制性污染物苯并三唑、吡啶、喹啉等的降解[2,8,10]。以苯并三唑为例[11]，单独的紫外光解会导致过度氧化及中间产物如氨基酚和吩噻嗪等累积。与之相比，ICPB体系中间产物能被快速利用，减轻了对微生物的抑制，并使生物活性显著提高。

为进一步提高能量转化率以提高污染物的降解效果，紫外光催化氧化法被应用于 ICPB 技术中。紫外光催化氧化通过能量高于半导体催化剂吸收阈值的激发光源照射，使电子获得足够的能量发生跃迁，同时电子空穴作为氧化点位，形成了空穴 h^+、$\cdot O_2^-$和$\cdot OH$ 等活性物种，对难降解污染物进行攻击与氧化。光催化氧化反应在ICPB体系中发生的前提是催化剂在多孔载体材料上的负载。Rittmann课题组采用光催化内循环流化床生物膜反应器（photocatalytic circulating bed biofilm reactor, PCBBR）[1]，以大孔纤维素作为载体，生物膜稳定生长在载体内部，TiO_2光催化剂吸附在载体表面，采用石英反应器以增强紫外光的透过率。这一体系对三氯苯酚和染料的去除率分别达到88%和100%，矿化效率高达84%。

为了将太阳光作为光源，周丹丹团队首次将可见光催化氧化技术应用于ICPB体系中，其核心原理是拓展催化剂材料的光谱响应范围，利用可见光激发催化反应[7]。该团队研发了新型Er-Al掺杂、Ag掺杂、N掺杂TiO_2等[8, 11, 12]系列可见光响应催化剂，并采用自组装方法显著提高了负载型可见光响应催化剂的光催化性能，实现了基于可见光响应的ICPB反应，解决了紫外光作用下ICPB体系中细胞裂解、溶解性微生物代谢产物溶出和中间产物累积的问题，成功应用于酚类、氯代有机物和典型抗生素等高毒性有机废水处理，微生物活性与群落演替趋于良性循环，显著提高有机物的降解与矿化效率。

基于光催化氧化-生物降解近场耦合体系，可能存在光源穿透性差、光源能耗高和催化剂二次污染的问题。与光催化氧化技术相比，臭氧同样具有强氧化性（标准电位为 2.07eV），且无须光源供给、不涉及催化剂稳定负载等问题，还具有无反应物残留、传质效率高等优势[9]。2020 年，有报道首次以臭氧氧化替代光催化，提出了臭氧氧化-生物降解近场耦合（simultaneous combination of ozonation and biodegradation, SCOB）技术，并明晰了不对生物膜产生胁迫作用的臭氧剂量范围[9]。研究结果表明，该技术能够显著提高盐酸四环素（tetracycline hydrochloride, TCH）的降解率并降低出水毒性。当臭氧剂量为 2.0mg/(L·h)时，稳定运行的 SCOB 技术在 2h 内即可去除 97%的 TCH，降解产物对金黄葡萄球菌无毒性。与单独臭氧氧化相比，TCH 降解反应动力学常数提高了 29%。SCOB 技术运行 6 个周期，生物膜中生物量稳定，细胞结构未见显著破损。臭氧氧化-生物降解近场耦合技术为 ICPB 技术应用于实际工业废水提供了新的思路。

1.3.3　生物膜

ICPB 体系中生物膜承担着代谢高级氧化中间产物并终极矿化的作用，也对高级氧化活性物种专一性攻击目标污染物起到了关键作用。ICPB 体系启动初始，实现高级氧化与生物降解协同反应的过程是生物膜微空间分布调节的过程，也是生物群落演替的过程。近年来，为了提高微生物的活性，共代谢的策略被应用到 ICPB 技术中，并发现其对污染物矿化与毒性削减起到了积极作用。

多孔载体负载催化剂后，再经历传统的种泥吸附—生物膜生长—生物膜成熟的过程后，均匀负载催化剂和生物膜的载体投入 ICPB 反应器中，即可以启动 ICPB 工艺。此时，载体内部和表面都有生物膜负载，载体内部生物膜的厚度一般要大于载体外部的生物膜，这与生物膜培养过程中水流剪切力的作用有关。同时，载体外表面也暴露部分催化剂。ICPB 体系中高级氧化反应将驱动这些暴露出来的催化剂产生•OH、$•O_2^-$等活性物种，导致载体外表面的生物膜受到活性物种的攻击而从海绵载体骨架上脱落。值得注意的是，活性物种的半衰期短，并不会进入载体内部对生物膜造成伤害。ICPB 反应过程中，高级氧化持续降解污染物并为内部生物膜提供可生物降解的中间产物。稳定运行阶段的 ICPB 反应器，载体表面催化剂充分暴露，而内部生物量丰富且稳定，如图 1.3 所示[13]。

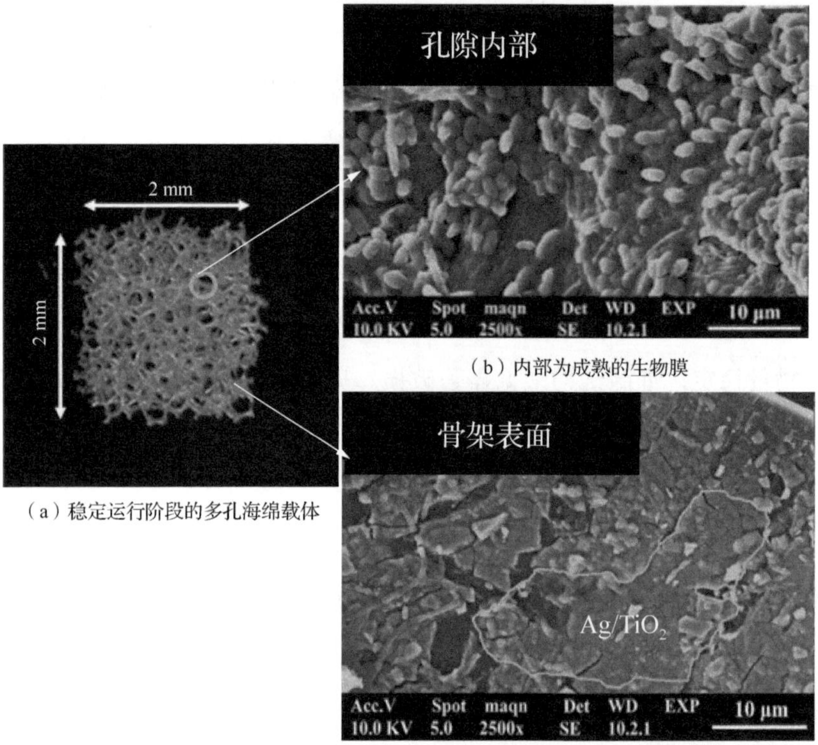

（a）稳定运行阶段的多孔海绵载体

（b）内部为成熟的生物膜

（c）载体表面催化剂充分暴露

图 1.3 ICPB 载体模型

1.4 反应类型

ICPB 反应器的成功构建依赖于高级氧化的反应中心与微生物紧密结合在载体上，反应密切承接但彼此无负面干扰。依据高级氧化反应类别的差异，目前常见的 ICPB 反应器构型可以划分为光解-生物降解反应器、光催化氧化-生物降解反应器、ICPB-阳极电解池和电芬顿-希瓦氏菌电解池。

1.4.1　光解-生物降解反应器

光解-生物降解反应器主要的一种类型是光解-生物膜反应器。张永明等[14]搭建了光解-生物膜反应器，反应器如图 1.4（a）所示。反应器分为上下两个区域，上部为容氧区，并使用紫外光进行辐射以加速吡啶的降解，下部为生物降解区。在反应器内设置 10 块蜂窝多孔陶瓷板（图 1.4（b））作为微生物膜载体，高低交错排列，形成可以使溶液在反应器内上下折流的通道。借助一个提升泵驱动溶液在反应器内折流循环。驱动待处理的废水不断循环地流经容氧区和生物降解区。

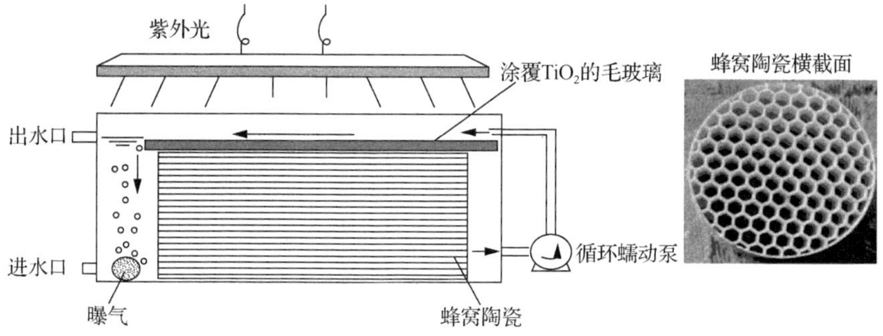

（a）折流式内循环光解-生物膜反应器　（b）内部蜂窝陶瓷板截面

图 1.4　光解-生物膜反应器[14]

1.4.2　光催化氧化-生物降解反应器

Marsolek 等[1]在搭建光催化与生物降解体系时采用了 PCBBR 反应装置，如图 1.5 所示。该装置由气泵、紫外灯和环形管状反应器组成。反应器通过曝气形式实现载体在环形管里的流化，经过紫外光照射区域时发生光催化反应。PCBBR 系统利用大孔纤维素载体保护微生物，降低强氧化自由基（如•OH）和有毒化合物的伤害，形成近场耦合结构。周丹丹等[7]构建了内循环流化床光-生直接耦合反应器（图 1.6）。该反应装置为内循环序批式反应装置，以有机玻璃为材质，主要由内外两个空心圆柱环形构成，其中内部环状柱体嵌套在外部环状柱体与底部曝气盘的环状空间内，同时实现曝气和载体均匀流化循环。光源透过有机玻璃激发光催化氧化反应。

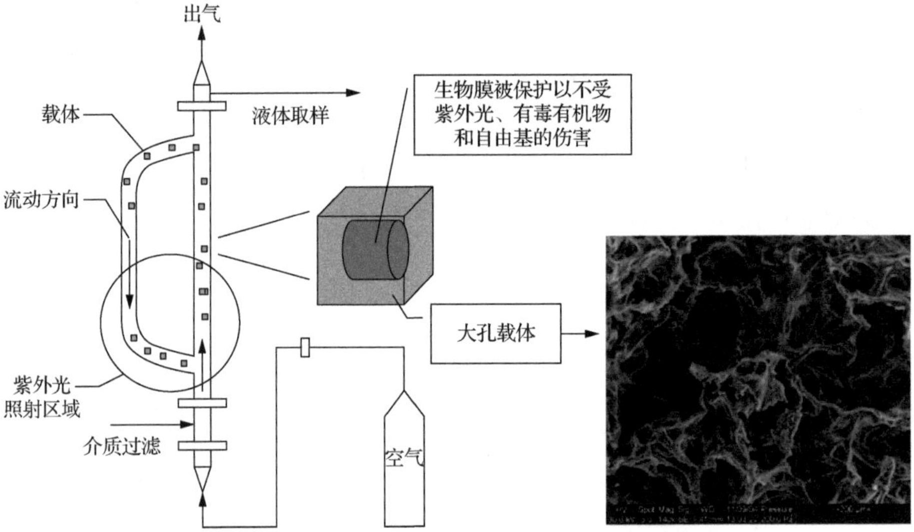

图 1.5　光催化流化床生物膜反应器结构示意图[1]

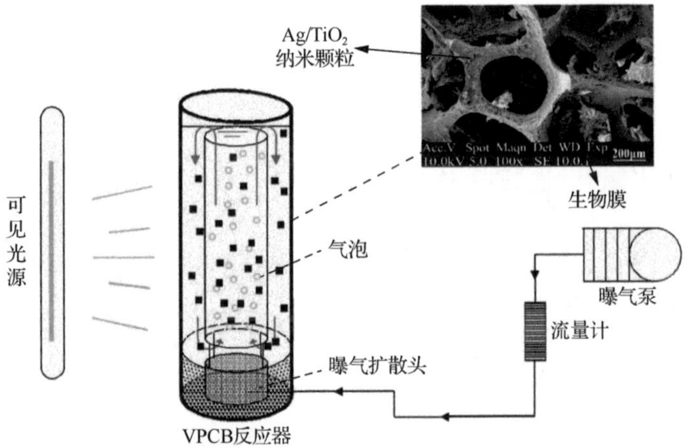

图 1.6　内循环流化床光-生直接耦合反应器结构示意图[8]

VPCB 指基于可见光 ICPB（visible light-induced ICPB）

1.4.3　ICPB-阳极电解池

基于 ICPB 反应的电解池装置如图 1.7 所示[11]。该电解池采用双室结构，电池的阳极载体为三维多孔泡沫碳，阴极采用不锈钢网。阳极室外垂直方向供给光源，光源面积可以覆盖泡沫碳载体。载体表面负载可见光响应型催化剂，内部培养了电活性生物膜，电流密度较单一生物阳极提高了约 50%，较单一的光阳极提高 90%以上，也显著提高了氯酚降解与矿化效率。ICPB-阳极电解池提供了解决难生物降解有机废水处理与资源化的新方案。

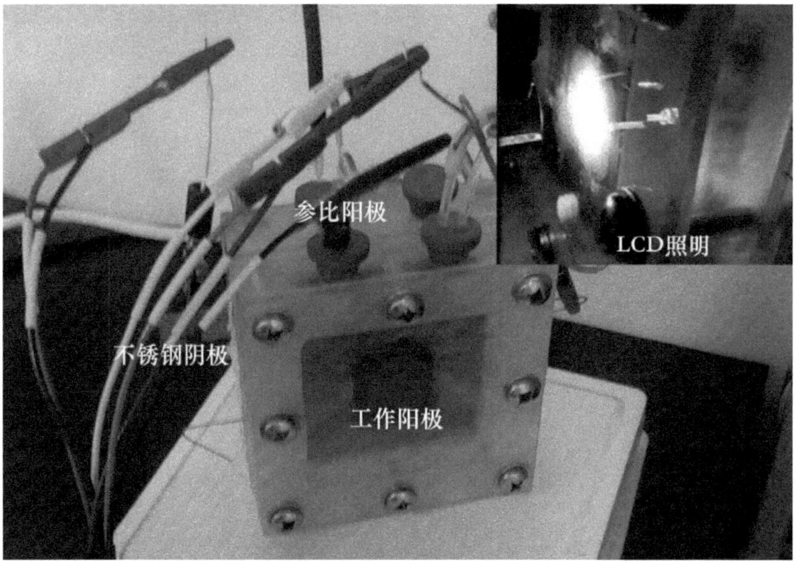

图 1.7　基于 ICPB 反应的电解池装置[11]

1.4.4　电芬顿-希瓦氏菌电解池

赵明月等[15]构建了电芬顿技术与希瓦氏菌近场耦合体系，电解池结构如图 1.8 所示。反应器为三电极单室密封电解池。工作电极为负载 Fe_2O_3 并附有希瓦氏菌生物膜的氟掺杂的氧化锡（F-doped tin oxide, FTO）电极，对电极为碳毡，参比电极为 Ag/AgCl 电极。鲁金毛细管尖端靠近工作电极，另一端与 Ag/AgCl 电极接触。电池安装好后充氮气提供厌氧环境，进出口均用滤头封口，防止充气过程中有其他细菌进入。电池工作过程中与恒电位仪相连，对工作电极施加适当电势。在该耦合结构中希瓦氏菌与 Fe_2O_3 紧密接触，使体系中的 Fe^{3+} 及时转化为 Fe^{2+}，有利于反应快速进行。

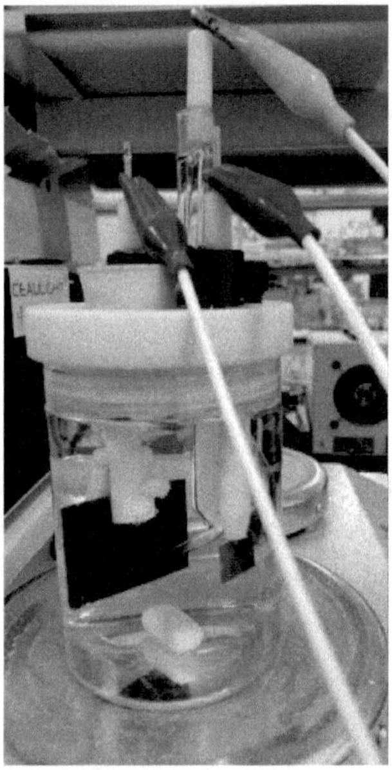

（a）装置图

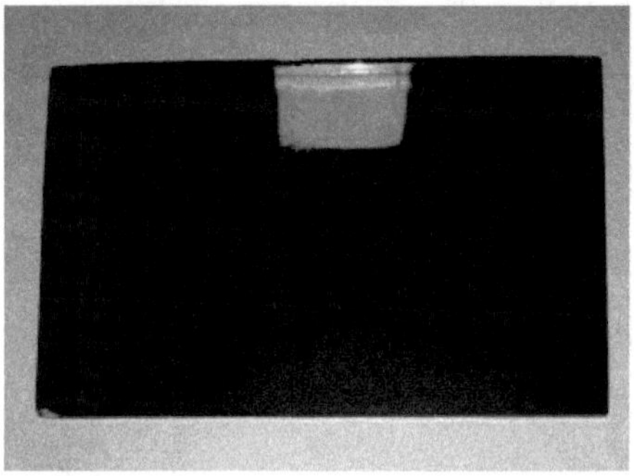

（b）Fe_2O_3 电极

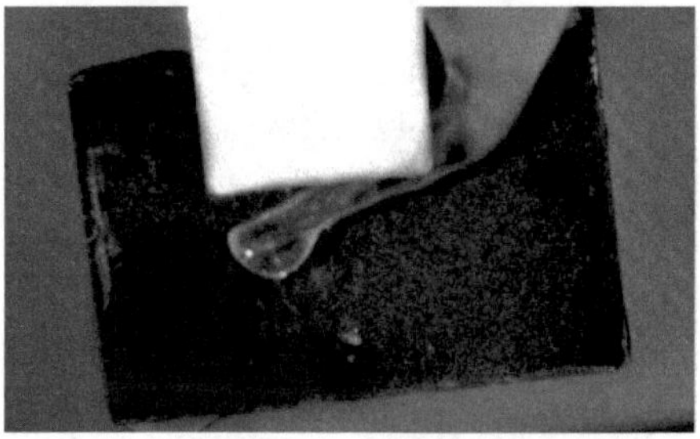

（c）负载希瓦氏菌的 Fe_2O_3 电极

图 1.8　电芬顿-希瓦氏菌电解池

综上所述，ICPB 反应依赖于高级氧化与生物降解的近场协同作用，其核心组成部分包括多孔载体、催化剂或氧化剂以及生物膜。合理地选择载体种类、生物膜接种与培养，以及供给适当的能量或药剂是成功构建 ICPB 体系的关键。依据高级氧化反应类别与生物种差异，目前已报道的 ICPB 反应器可划分为 4 种类型：光解-生物降解反应器、光催化氧化-生物降解反应器、ICPB-阳极电解池和电芬顿-希瓦氏菌电解池。反应器的结构设计既要满足高级氧化技术运行条件，如光照、外加偏压等，又要满足微生物的生存条件，如对溶解氧的需求、适宜生长的温度和 pH 等。

参 考 文 献

[1] MARSOLEK M D, TORRES C I, HAUSNER M, et al. Intimate coupling of photocatalysis and biodegradation in a photocatalytic circulating-bed biofilm reactor[J]. Biotechnology and Bioengineering, 2008, 101(1): 83-92.

[2] WEN D H, LI G Z, XING R, et al. 2,4-DNT removal in intimately coupled photobiocatalysis: the roles of adsorption, photolysis, photocatalysis, and biotransformation[J]. Applied Microbiology and Biotechnology, 2012, 95(1): 263-272.

[3] 阎宁, 杨燕, 张永明. TiO_2 膜的制备方法对 SMX 光催化氧化效果的影响[J]. 上海师范大学学报(自然科学版), 2010, 39(3): 325-330.

[4] LI G Z, PARK S, RITTMANN B E. Degradation of reactive dyes in a photocatalytic circulating-bed biofilm reactor[J]. Biotechnology and Bioengineering, 2012, 109(4): 884-893.

[5] 马冬梅. 光催化-微生物降解直接耦合燃料电池降解 4-氯酚和产电特性研究[D]. 长春：吉林大学, 2017.

[6] YAN N, CHANG L, GAN L, et al. UV photolysis for accelerated quinoline biodegradation and mineralization[J]. Applied Microbiology and Biotechnology, 2013, 97(24): 10555-10561.

[7] ZHOU D D, XU Z X, DONG S S, et al. Intimate coupling of photocatalysis and biodegradation for degrading phenol using different light types: visible light vs UV light [J]. Environmental Science & Technology, 2015, 49(13): 7776-7783.

[8] XIONG H F, DONG S S, ZHANG J, et al. Roles of an easily biodegradable co-substrate in enhancing tetracycline treatment in an intimately coupled photocatalytic-biological reactor[J]. Water Research, 2018, 136:75-83.

[9] SU Y Y, WANG X S, DONG S S, et al. Towards a simultaneous combination of ozonation and biodegradation for enhancing tetracycline decomposition and toxicity elimination[J]. Bioresource Technology, 2020, 304: 12309.

[10] ZHOU D D, DONG S S, SHI J L, et al. Intimate coupling of an N-doped TiO_2 photocatalyst and anode respiring bacteria for enhancing 4-chlorophenol degradation and current generation[J]. Chemical Engineering Journal, 2017, 317:882-889.

[11] SHAN S N, ZHANG Y T, ZHANG Y N, et al. Comparison of sequential with intimate coupling of photolysis and biodegradation for benzotriazole[J]. Frontiers of Environmental Science & Engineering, 2017, 11(6): 8.

[12] ZHAO M Y, SHI J L, ZHAO Z Q, et al. Enhancing chlorophenol biodegradation: using a co-substrate strategy to resist photo-H_2O_2 stress in a photocatalytic-biological reactor[J]. Chemical Engineering Journal, 2018, 352:255-261.

[13] XIONG H F, ZOU D L, ZHOU D D, et al. Enhancing degradation and mineralization of tetracycline using intimately coupled photocatalysis and biodegradation (ICPB)[J]. Chemical Engineering Journal, 2017, 316:7-14.

[14] ZHANG Y M, CHANG L, YAN N, et al. UV photolysis for accelerating pyridine biodegradation[J]. Environmental Science & Technology, 2014, 48(1): 649-655.

[15] ZHAO M Y, CUI Z C, FU L, et al. *Shewanella* drive Fe(III) reduction to promote electro-Fenton reactions and enhance Fe inner-cycle[J]. ACS ES&T Water, 2021, 1(3):613-620.

第2章

光催化氧化-生物降解近场耦合技术

1972 年，Fujishima 和 Honda[1]在半导体 TiO_2 电极上发现了水的光催化分解作用，从而开辟了半导体光催化这一新的领域。这一发现掀起了光催化氧化技术在水处理领域的研究热潮。然而，目前仍存在催化剂制备成本高、反应条件敏感、材料回收困难、有机物矿化效果差以及中间产物毒性增加等问题[2]。尽管如此，有关光催化氧化技术的研究热度仍经久不衰，这是因为它对高毒性有机物降解具有非选择性和高效性的突出优势。特别是当光催化氧化与生物降解技术串联时，光催化氧化单元首先破坏难降解有机污染物结构而生成易降解中间产物，随后这些中间产物在生物处理单元基于生物代谢作用被进一步降解矿化[3]。这一方面打破了单一光催化氧化技术的上述局限，另一方面也解决了生物处理难降解有机污染物时驯化周期长、生物活性恶化和底物利用速率降低的问题[4]。然而，这种串联技术不能精准调控光催化中间产物在最佳可生化性时发生生物降解，常常发生过度氧化或生物中毒的问题[5]。针对这一问题，光催化氧化-生物降解近场耦合技术应运而生：光催化氧化在多孔载体表面降解污染物，生成的可生物降解中间产物立即被载体内部的微生物分解矿化，即光催化氧化与生物降解反应在同一个空间、同一个时刻发生，从而提高了耦合体系的效率并降低了产物的毒性。光催化氧化-生物降解近场耦合是目前研究最为广泛的高级氧化与生物降解耦合技术。本章将分别介绍该技术涉及的主要结构及其应用情况。

2.1　催化剂类型

以 ICPB 体系需求为导向，研究者已经开展了多种能与生物降解近场耦合的光催化剂制备研究。其中，TiO_2 基催化剂应用最为广泛，包括 SiO_2-TiO_2、Ag-TiO_2、N-TiO_2 和 Er^{3+}:$YAlO_3/TiO_2$[6]等。近年来，也有其他新型光催化剂得以应用，如 $BiOCl/Bi_2WO_6/Bi$，$Bi_{12}O_{17}C_{12}$ 和 Mn_3O_4/MnO_2-Ag_3PO_4[7]等。

（1）基于紫外光响应的催化剂。

TiO_2是最早也是最常用的光催化反应半导体材料，光响应范围在紫外光区域，禁带宽度为 3.2eV。TiO_2纳米材料的晶型结构主要包括锐钛矿相与金红石相，前者活性更高。TiO_2具有来源广泛、性能稳定、无毒和耐腐蚀等优点，在光催化研究领域广受青睐。目前，纳米材料 P25 TiO_2已经商业化。

2008 年，Marsolek 等[8]将纳米 TiO_2负载于多孔海绵表面，利用紫外灯作为光源，实现了 2,4,5-三氯苯酚的有效降解。Li 等[9]发现单独 TiO_2光催化对活性黑染料降解率为 97%，COD 去除率仅为 47%；与单独光催化反应相比，ICPB 体系虽然对活性黑染料降解效率无显著提高，但是对 COD 去除率增加至 65%。这表明 ICPB 在有机物矿化方面具有显著优势。张雨婷等[10]将 TiO_2负载到毛玻璃片上，并采用蜂窝陶瓷作为微生物载体，与单独生物降解相比减缓了 2,4,6-三氯苯酚对生物膜的抑制，2,4,6-三氯苯酚去除速率提高了近 1 倍。

（2）基于可见光响应的光催化剂。

早在 Marsolek 报道 ICPB 降解 2,4,5-三氯苯酚（trichlorophenol, TCP）时，就已经发现紫外光激发的 ICPB 体系存在载体内部生物有脱落的问题。紫外光在太阳光谱中仅占 4%，是常用的杀菌手段。2015 年，Zhou 等[11]采用水热法制备了可见光催化剂 Er^{3+}:$YAlO_3/TiO_2$，并通过自组装技术将其负载至海绵载体上，构建了 ICPB 降解苯酚体系。通过观察生物量、生物膜的分布、胞外聚合物（extracellular polymeric substances, EPSs）的分泌、细菌种类的变化，结合出水中可溶性大分子物质的分布规律和可生化性，探究了 VPCB 体系相对于紫外光激发的 ICPB（UV light-induced ICPB, UPCB）体系的区别和优势。16h 后 VPCB 体系对苯酚的去除率达到 98.8%，而 UPCB 体系中苯酚的去除率仅为 67.7%。UPCB 体系中产生了更多吸附性较弱的中间产物，在紫外光作用下生物膜和胞外聚合物脱落，细胞裂解释放出大量的可溶性微生物产物（soluble microbial products, SMPs），见图 2.1。相比之下，可见光催化作用不仅提供了较为温和的氧化环境，而且避免了光对微生物的直接伤害，生物量和生物群落结构得到良好的保护，保证了生物降解作用的发挥。VPCB 体系中溶解性有机碳（dissolved organic carbon, DOC）去除率为 64.0%，高出 UPCB 体系中 DOC 的去除率 42.3%，可生化性也明显高于 UPCB 体系。

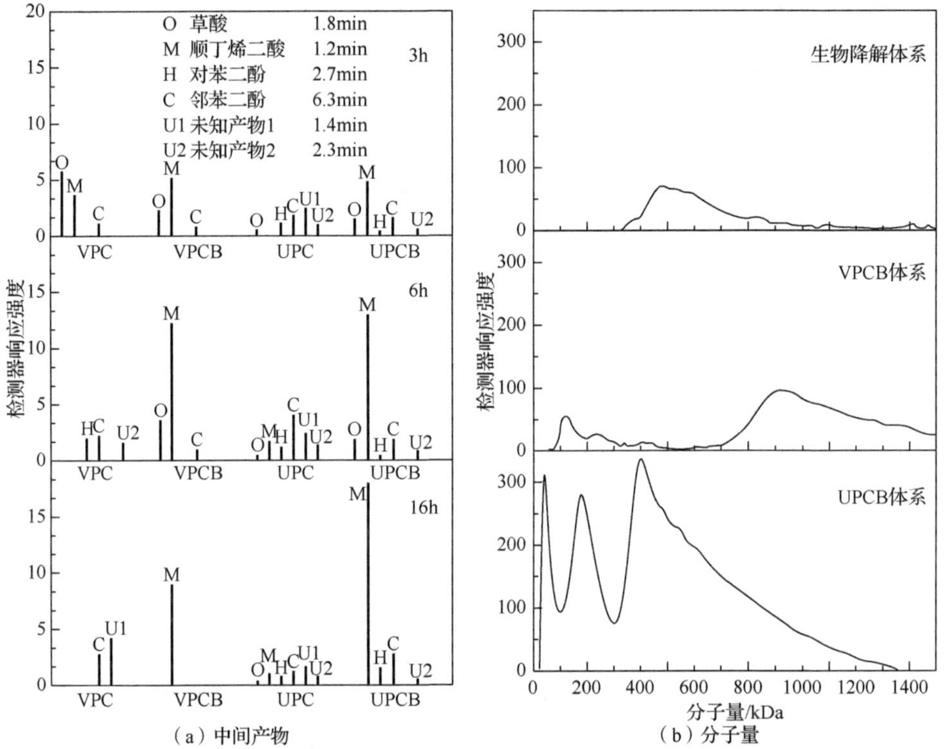

图 2.1　单一生物降解体系 VPCB 体系和 UPCB 体系的中间产物及分子量

VPC 指可见光激发的光催化，UPC 指紫外光激发的光催化

类似地，李婷婷[12]通过水热法制备了具有良好光降解能力的 $Ag-TiO_2$ 可见光响应催化剂，并以此构建 ICPB 体系用于 TCH 废水的降解。研究发现，可见光催化降解 TCH 生成易生物降解、毒性显著削减的中间产物，随后被微生物进一步分解矿化。近年来，更多的可见光响应催化剂被研发并应用于 ICPB 体系，包括 $Bi_{12}O_{17}Cl_2$[13]、$Mpg-C_3N_4$[14]、$Mn_3O_4/MnO_2-Ag_3PO_4$[7]等（详见表 2.1）。基于可见光响应的 ICPB 技术研发推动了其朝向更加环保低耗的方向发展。

表 2.1 ICPB 技术中不同催化剂处理难降解污染物相关指标及污染物去除率情况

催化剂类型	载体类型	负载方法	反应装置	污染物去除率
德固赛 P25 TiO_2[8]	大孔纤维素	溶胶-凝胶法	内循环流化床反应器	2,4,5-TCP（23.6%）；醋酸（100%）
$Bi_{12}O_{17}Cl_2$[13]	聚氨酯海绵	超声分散和蒸发	烧杯	土霉素（94%）；TOC[a]（26.3%）
Mpg-C_3N_4[14]	碳毡	硬模版法	空气阴极单室微生物燃料电池	2,4,6-TCP（79.3%）
Er^{3+}:$YAlO_3$/TiO_2[11]	聚氨酯海绵	溶胶-凝胶法	PCBBR	苯酚（99.8%）；DOC（63.9%）
N-TiO_2/Ag-TiO_2[15]	聚氨酯海绵	溶胶-凝胶法	有机玻璃内回路气升驱动反应器	4-CP[b]（53%）（以 N-TiO_2 为催化剂）；4-CP（58%）（以 Ag-TiO_2 为催化剂）
Mn_3O_4/MnO_2-Ag_3PO_4[7]	聚氨酯海绵	自聚合	石英板覆盖的双套反应器	菲（Phe）（96.2%）；TOC（31.93%）
N-TiO_2[16]	泡沫碳	超声和干燥	平板双室电解池	4-CP（90.5%）
Ag-TiO_2[17]	聚氨酯海绵	溶胶-凝胶法	有机玻璃内回路气升驱动反应器	TCH（95%）；SCOD[c]（95%）
SiO_2-TiO_2[18]	聚氨酯海绵	超声振动沉积法	内循环流化床反应器	苯酚/2,4,5-TCP（100%）；TOC（97.5%）

a. TOC 指总有机碳（total organic carbon），b. CP 指氯酚（chlorophenol），c. SCOD 指溶解性化学需氧量（soluble chemical oxygen demand）

2.2 催化剂负载方法

纳米催化剂负载是构建 ICPB 体系的关键环节，催化剂稳定负载是 ICPB 体系长期运行的重要因素。Rittmann 团队[8]最早采用低温烧结法将 TiO_2 负载至海绵载体：催化剂悬浆加入含有表面活性剂的水中，再加入海绵载体，搅拌 24h 后将载体取出置于 100℃下烘干，最后将负载催化剂的海绵反复清洗至干重不变。低温烧结法能够保持海绵载体结构稳定，保护海绵孔隙不堵塞，但是存在催化剂负载不稳定、负载量低的问题。熊厚锋[19]改进了低温烧结法，用聚氨酯海绵负载 Ag-TiO_2 催化剂。首先制得 Ag 掺杂的 TiO_2 溶胶，溶胶经过超声分散后按一定体积比加入无水乙醇；然后，将稀释后的溶胶充分混匀后加入聚氨酯海绵载体，继续超声分散后 80℃烘干，期间每隔一定时间搅拌一次，使催化剂在海绵载体表面上均匀负载，直至溶胶全部烘干为止。这种方法适用于采用溶胶-凝胶法制备的催化剂，从催化剂制备过程中开始负载，节约了催化剂烘干时间，并且催化剂和载体结合的稳定性更高。董山山[20]制备了可见光响应的上转换掺杂 TiO_2-生物膜复合材料，采用的水热处理及纳米自组装负载方法使得催化剂负载更加均匀，稳定性更好。然而，溶胶-凝胶法存在操作程序复杂的问题。

郭雲[17]采用聚乙烯醇缩丁醛（polyvinyl butyral, PVB）作为黏结剂提高 TiO_2 负载稳定性及光催化性能，以典型的抗生素类污染物盐酸四环素（TCH）作为目标污染物，通过响应面模型优化 PVB-TiO_2 负载条件：海绵吸附时间为 20h，TiO_2 的浓度为 8g/L，PVB 的质量分数为 0.5%。最优条件下，4h 内 TCH 去除率达 95%左右。模型验证实验表明回归模型具有可行性。通过形貌表征、光降解实验和循环实验阐明适当浓度 PVB 提高了 TiO_2 负载稳定性，但当 PVB 质量分数达到 1%时，催化剂活性位点被掩盖，催化剂性能下降。PVB-TiO_2 制备方法如图 2.2 所示。与溶胶-凝胶法不同的是，该方法对催化剂的制备方法无要求，拓宽了催化剂的应用范围。并且，采用黏结剂负载方法大大提高了催化剂与载体结合的稳定性，从而提高了负载型载体光催化活性的稳定性。

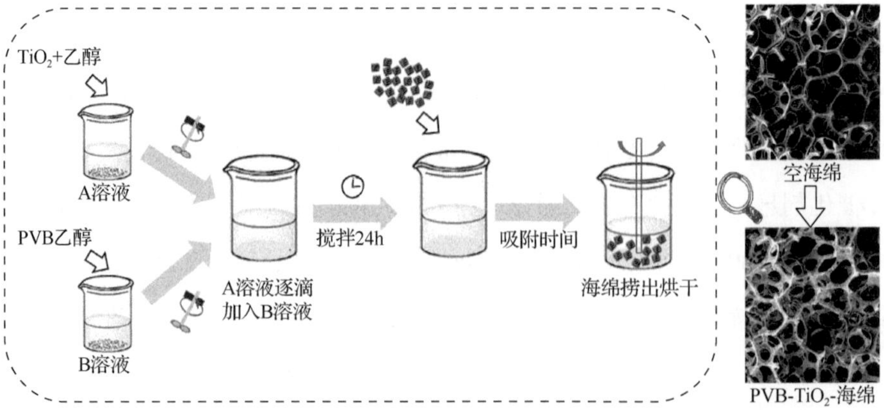

图 2.2　PVB-TiO_2 制备方法示意图[17]

为了考察负载型 PVB-TiO_2 光催化活性的稳定性（TiO_2 浓度为 6g/L），研究者进行 33 批次 TCH 去除率的测试，所得结果见图 2.3。第 1 个周期时，12h 内 TCH 去除率的顺序为：0.5%PVB-TiO_2（96.90%）＞0.2%PVB-TiO_2（94.88%）＞0.8%PVB-TiO_2（94.19%）。随着循环批次的增加，0.2%PVB-TiO_2 紫外降解 TCH 去除率降低至 84.56%。0.5%PVB-TiO_2 和 0.8%PVB-TiO_2 对 TCH 去除率无明显变化，光催化活性稳定。PVB 量过低（≤0.2 %）时，TiO_2 负载率低，同时海绵载体上 TiO_2 由于水流剪切力而易发生脱落，不利于后期光催化和生物降解近场耦合体系的长期稳定运行。PVB 量过高（≥0.8 %）时，减少了光催化活性有效面积的暴露，减弱了紫外光响应能力[21]。以上结果表明 PVB 为 0.5 %时海绵负载催化剂具有较佳的稳定性和重复利用性。

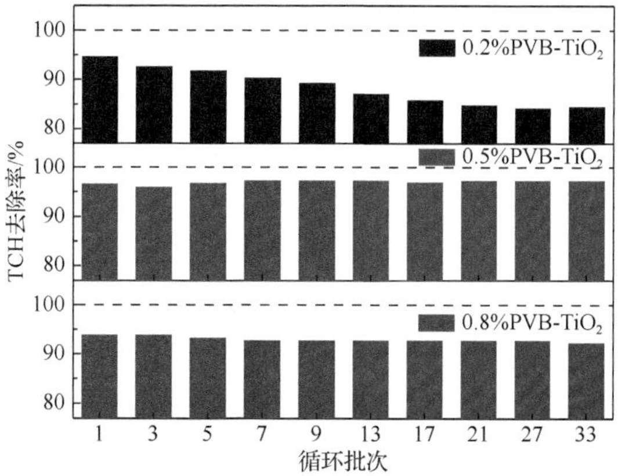

图 2.3　33 个批次内不同负载型 TiO_2 对 TCH 的降解效果随时间的变化趋势[17]

2.3　光　　源

目前 ICPB 体系常用发光二极管（light emitting diode, LED）灯、氙灯等作为光源发射可见光和紫外光。LED 灯成本较低、构型种类多，主发射峰位置在 455nm 和 552.9nm；氙灯是光谱最接近太阳光的人造光源，可通过滤光片调节其发射波长。TiO_2 等紫外光响应催化剂可以选择低压紫外灯（254nm）、中/高压紫外灯（365nm）等。各个光源及光谱如图 2.4 所示。

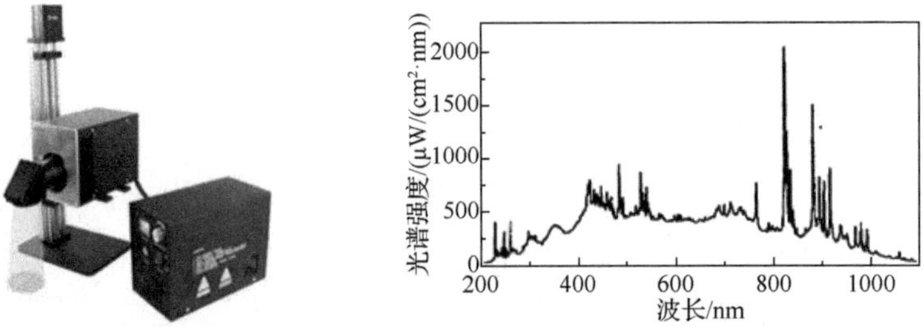

（a）氙灯

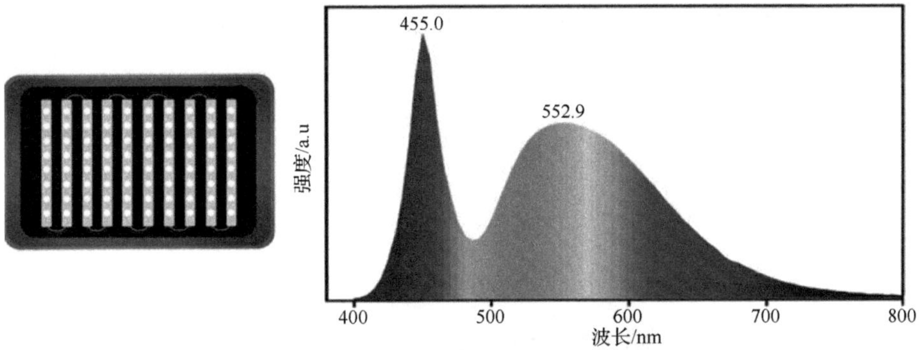

（b）LED灯

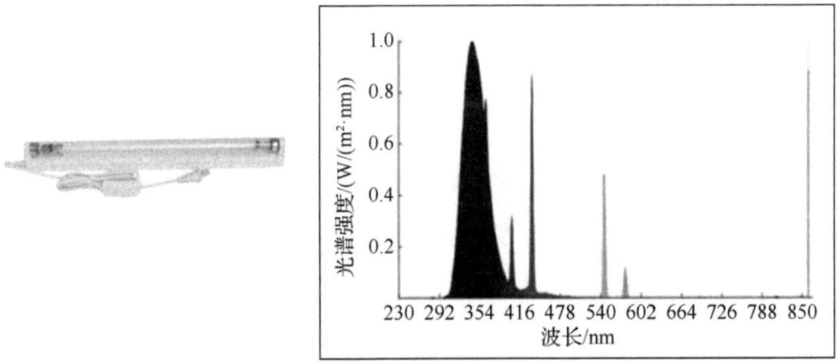

（c）紫外灯

图 2.4　不同光源及其对应的光谱图

在光能供给方式方面，张雨婷等[10]采用蜂窝陶瓷作为生物膜载体，将涂覆有 TiO_2 的毛玻璃罩在陶瓷上方并用紫外灯管在上方照射；董山山[20]构建了圆柱形内循环流化床 ICPB 反应器，催化剂载体为聚氨酯海绵，在反应器平行方向通过两块相对的 LED 灯板提供均匀光照辐射；Marsolek 等[8]在光催化循环床生物膜反应器中，采用紫外局部照射以保护微生物，其照射面积约只占反应器面积的 30%。

遗憾的是，这些光能的供给方式在实际工程中都存在显著的局限。380nm 波长的紫外光在水中的 1%穿透深度可达 5m 以上[22]，但是实际污水常常有一定的浊度或色度，1%穿透深度仅有 0.2m，紫外光催化反应效率相应骤减[23]。LED 光源在实验室用来替代太阳光源，在实际工程应用中也不切实际。一方面，LED 光源一般会释放热能对污水造成热污染；另一方面，生物膜易于在光源表面附着，且 LED 光源有潜在诱发藻类繁殖的可能。若采用太阳光源激发 ICPB 的光催化反应，需要设计合理的光反应器构型。值得注意的是，ICPB 体系中的载体一般为流化态，实验室常采用有机玻璃或石英玻璃材质的竖型反应器，从侧壁供给光能。然而，这种光照模式不符合太阳光辐射规律，对太阳光利用效率低。以上有关光能利用和供给模式的局限性，是光催化氧化-生物降解近场耦合技术在实际工程应用的瓶颈之一。

2.4　生物膜特性

2.4.1　生物膜微空间分布

熊厚锋等[24]构建的可见光响应的 ICPB 体系中，微生物在负载催化剂的多孔载体上形成生物膜。在 TCH 废水降解研究中，初期培养的微生物在聚氨酯海绵载体表面（图 2.5（a））和内部（图 2.5（b））都形成了成熟的生物膜，细胞表面被大量的胞外聚合物包裹。单独进行生物降解（biodegradation, B）时，载体生物膜脱落严重，第 1 个运行周期后，生物膜几乎完全脱落（图 2.5（c）与图 2.5（d））。这是因为微生物不能利用 TCH 作为碳源，且 TCH 抑制生物膜蛋白质合成，从而导致微生物衰亡、脱落。相比较而言，在第 1 个运行周期结束后，ICPB 体系载体外部的生物膜逐渐脱落（图 2.5（e）），而载体内部的生物膜则保存完好（图 2.5（f））。第 6 个运行周期后，ICPB 体系载体外部的生物膜基本脱落完全（图 2.5（g）），而载体内部的生物膜仍然较厚且致密（图 2.5（h））。多孔载体表面催化剂的暴露和孔隙内部生物膜稳定附着是 ICPB 成功启动的标志。

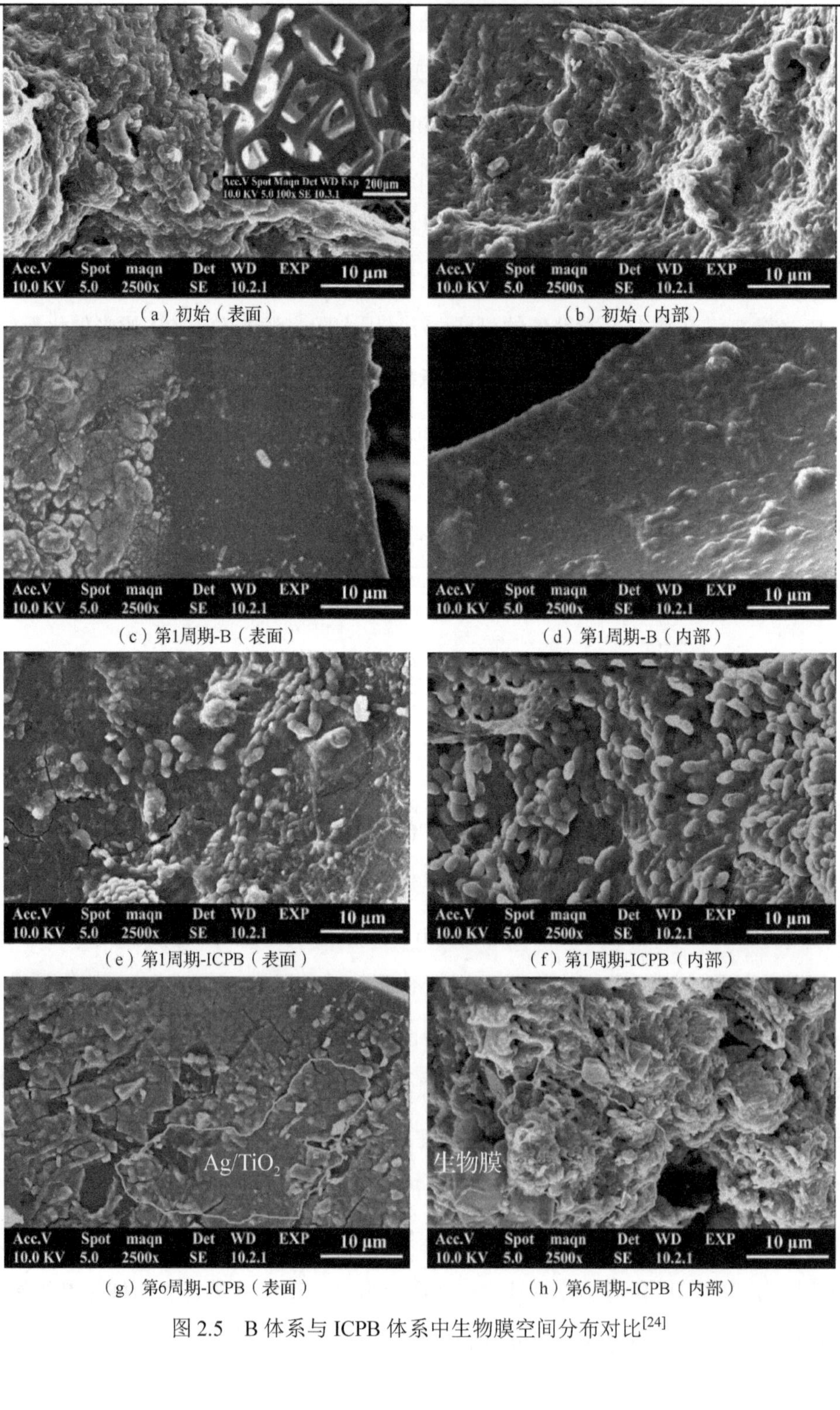

（a）初始（表面）　（b）初始（内部）

（c）第1周期-B（表面）　（d）第1周期-B（内部）

（e）第1周期-ICPB（表面）　（f）第1周期-ICPB（内部）

（g）第6周期-ICPB（表面）　（h）第6周期-ICPB（内部）

图 2.5　B 体系与 ICPB 体系中生物膜空间分布对比[24]

图 2.6 对比了 ICPB 反应前后，以多重荧光染色法观察到的生物膜中多聚糖和蛋白质的微空间分布情况[11]。ICPB 反应前，多聚糖和蛋白质伴随着生物膜分布于载体骨架上与孔隙中。这些胞外聚合物与细菌共同构成了 ICPB 生物膜的主体。ICPB 反应后，多聚糖和蛋白质的荧光强度均显著增加，这表明 ICPB 反应刺激了胞外聚合物分泌。这是微生物受到活性氧化自由基和污染物等环境胁迫时的自然反应，通过增加胞外聚合物分泌来保护细胞组织免受攻击。由此可见，ICPB 的生物膜具有自我调节和自我保护的行为。

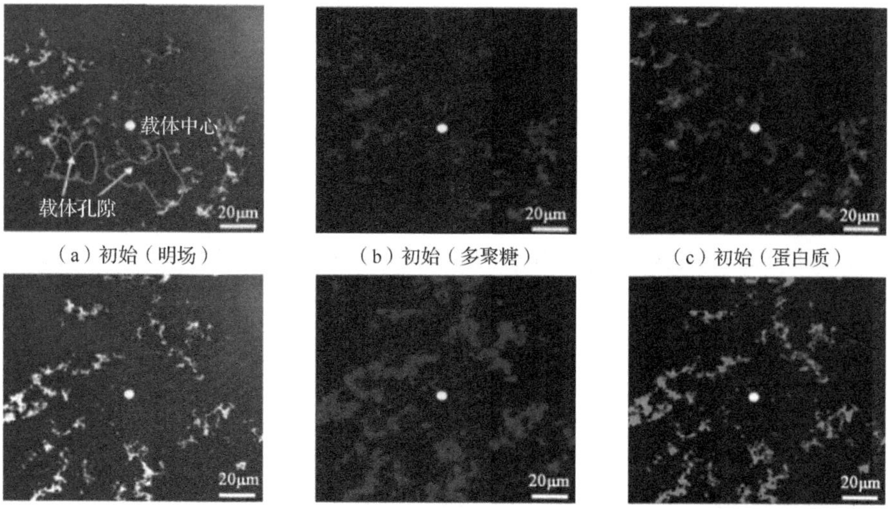

（a）初始（明场）　（b）初始（多聚糖）　（c）初始（蛋白质）

（d）ICPB（明场）　（e）ICPB（多聚糖）　（f）ICPB（蛋白质）

图 2.6　反应前后生物膜的胞外聚合物变化情况（扫封底二维码查看彩图）

ICPB 体系降解 TCH 前后生物膜中活死菌的分布情况，进一步支持了 ICPB 体系在处理毒性有机物时生物膜得到了有效的保护，如图 2.7 所示[19]。ICPB 在反应过程中，活菌比例从 92.7%下降至 66.7%，但死菌主要分布在骨架外侧，这主要是 ICPB 体系启动初期羟基自由基对载体微生物的攻击作用，符合 ICPB 反应的基本原理。然而，单独生物降解体系，活菌比例持续降低，8h 降解后活菌比例仅为 27.1%，这表明 TCH 抗生素对微生物具有极强的毒性，导致微生物短时间内大量衰亡，生物降解功能显著削弱。

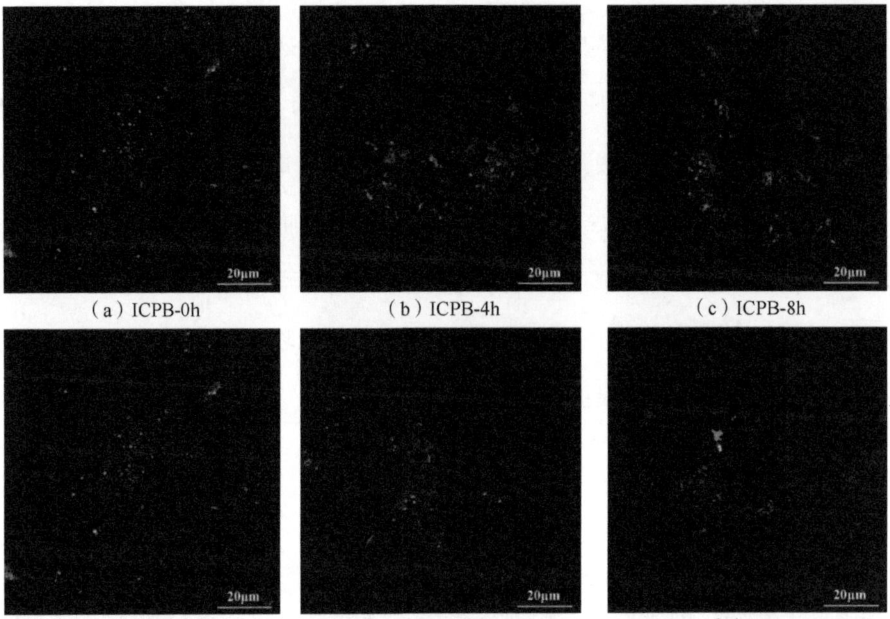

（a）ICPB-0h　（b）ICPB-4h　（c）ICPB-8h

（d）B-0h　（e）B-4h　（f）B-8h

图 2.7　ICPB 体系及单独生物降解（B）体系降解 TCH 的微生物活死菌分布情况
（扫封底二维码查看彩图）

2.4.2　生物群落结构演替特征

为了更深入地解析 ICPB 中生物膜的反馈机制，熊厚锋[19]在 ICPB 体系处理 TCH 废水反应过程中，采用 Illumina MiSeq 平台对生物群落结构演替和生物多样性变化进行测定。ICPB 体系运行 6 个周期，每个周期 10h。图 2.8 为 ICPB 体系中生物群落结构随时间的演替情况。在反应前，生物群落结构中优势菌属主要为马赛菌属（*Massilia*）（21.58%）、不动杆菌属（*Acinetobacter*）（25.20%）、黄杆菌属（*Flavobacterium*）（19.54%）和食酸菌属（*Acidovorax*）（7.79%）等污水处理过程中常见的菌属[25]。在第 1 个周期反应后，ICPB 体系中出现了两个新的菌属——甲基养菌属（*Methylibium*）和古字状菌属（*Runella*）。随着反应的运行，它们的相对丰度也在逐渐提高。Chang 等[26]在研究养猪废水中 TCH 的生物降解时发现，甲基养菌属可以在含有 TCH 的废水中存活下来，而古字状菌属上带有 TCH 抗性基因。同时，随着反应进行过程中芳香化合物的累积，对其具有降解能力的丛毛单胞菌属（*Comamonas*）和假单胞菌属（*Pseudomonas*）相对丰度也在逐渐增加[27]。上述生物群落结构的演替与环境刺激有关，是微生物适应抗生素环境的微生态调节，也对目标抗生素降解和毒性削减起到了积极的作用。

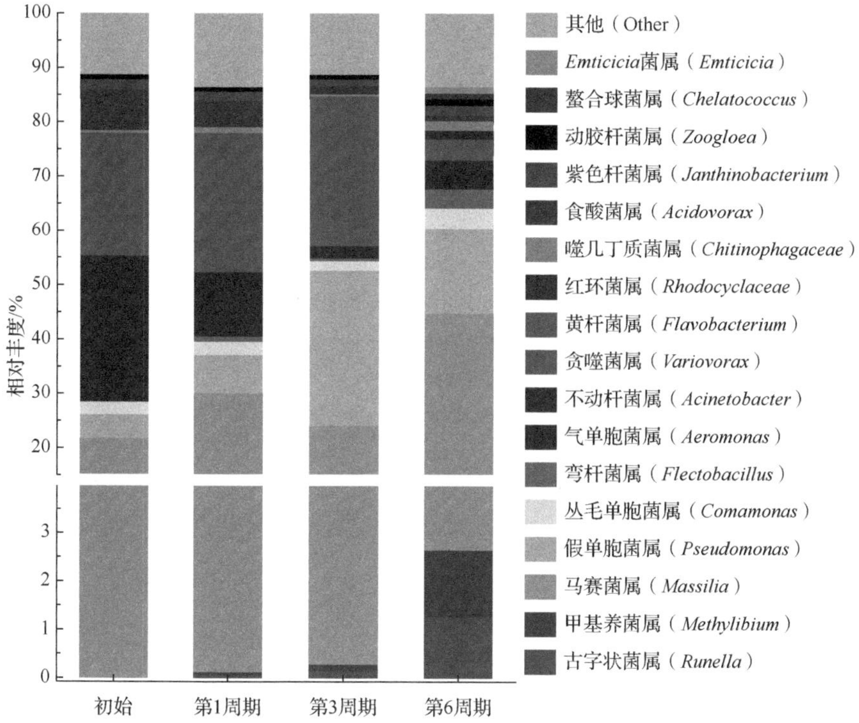

图 2.8　ICPB 体系生物菌群分布[19]（扫封底二维码查看彩图）

2.5　光催化氧化-生物降解近场耦合处理特征污染物

2.5.1　酚类

炼焦、造纸、纺织、塑料、农药、材料合成等工业生产过程中会产生大量酚类废水。酚类化合物属于原生质毒性物质，与细胞接触后会使蛋白质变性，导致细胞失活。过量的酚类对神经系统、泌尿系统、消化系统均有毒性作用，酚对人的口服致死量为 530mg/kg[28]。

ICPB 技术处理酚类废水的优势已被广泛证实，主要表现为提高了酚类污染物的矿化效果。Li 等[29]构建了光催化循环床生物膜反应器降解 50μmol/L 的 2,4,5-三氯苯酚。在连续流操作下，单独光催化系统稳定状态下 2,4,5-三氯苯酚的去除率约为 93%，然而出水 DOC 平均约为 4.3mg/L，与进水 DOC 基本相同。在 ICPB 体系中，2,4,5-三氯苯酚的出水浓度更低，并且 DOC 只有 0.3mg/L，比进水降低了 90%。赵明月等[30]制备了具有可见光响应的 N-TiO_2、Ag-TiO_2 两种催化剂，构建了基于不同活性物种的可见光光催化-生物降解直接耦合体系，以 4-氯酚为目标污染物，解析了直接耦合体系中活性物种的种类以及不同活性物种对氯酚去除、生物膜抑制性、微生物的响应行为和响应机制的影响。与单独光催化氧化相比，基于 N-TiO_2、Ag-TiO_2 的 ICPB 体系对 4-氯酚的去除率分别提高了 8.7%和 20.2%，矿化率分别提高了 55%和 45%。直接耦合体系中生物膜的活性对 4-氯酚的去除与矿化起到关键性作用。这是因为 4-氯酚经过光催化预处理后，产生的可生物降解中间产物在微生物的作用下持续降解、矿化，减少了中间产物对活性物种的争夺与利用。

2.5.2 染料类

活性染料凭借其低成本、染色过程简单、不易脱色等优势，在染料市场上一直占据主导地位，广泛应用于纺织、造纸、印染等行业。染料的化学结构稳定、本身及其降解中间产物仍然具有生物毒性，属于难降解有机污染物，其废水色度高，严重影响水环境质量。光催化作为一种高级氧化工艺，对多种活性染料均具有降解效果，但是该方法难以实现染料的完全矿化，并且在经济成本角度考虑不具有可行性。

Marsolek 等[8]发现 ICPB 体系是降解和矿化活性染料的理想体系。首先，光催化作用对活性染料进行脱色和分解，生成的中间产物被载体内部微生物进一步降解和矿化。Li 等[9]研究发现，在单独光催化体系中活性黑 5 的去除率是 97%，COD 去除率仅为 47%；ICPB 体系中，COD 去除率可增加至 65%。活性黑 5 在光催化氧化-生物降解耦合体系中的降解途径如图 2.9 所示。在 ICPB 体系中，光催化产生的 • OH 首先氧化裂解活性黑 5 的偶氮键[31]。基于出水中的亚硝酸盐和硝酸盐含量较低，推测光催化主要通过裂解氧化 C—N 键释放氮气，对活性黑 5 进行脱色。然后，中间产物的 C—S 键断裂，产生硫酸盐、羟基乙磺酸和对苯二酚。对苯二酚通过光催化氧化或生物降解，异硫氰酸经过生物矿化作用生成为 CO_2、SO_4^{2-}和 H_2O[32]。

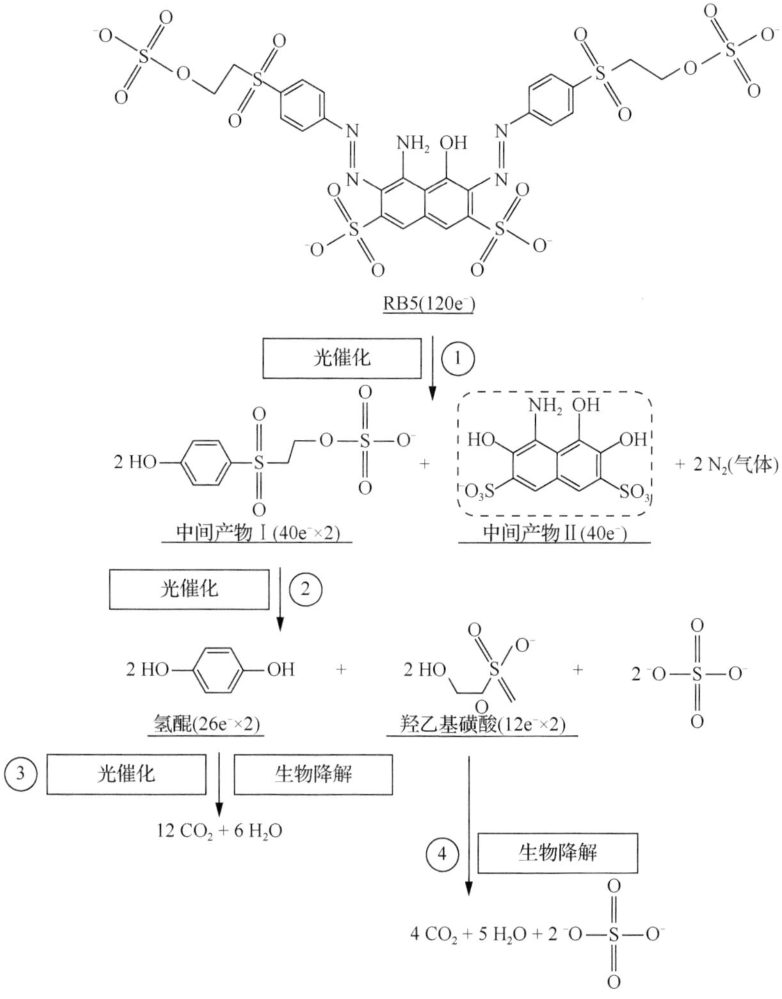

图 2.9　活性黑 5 在光催化氧化-生物降解耦合体系中的降解途径[9]

2.5.3 抗生素类

抗生素作为一种新兴污染物，近年来受到环境工作者的普遍关注。抗生素通过与细菌特异性靶标相互作用而抑制或杀死病菌，被广泛应用于人类和动物的疾病治疗、水产养殖业、畜牧业以及农业生产，近年在水环境中被广泛检出。ICPB技术通过自由基的强氧化作用和微生物的高矿化能力对多种代表性抗生素废水均具有较好的处理效果。

TCH是以氢化骈四苯结构为基本骨架的一类广谱性抗生素，是世界上使用量较大的抗生素种类之一。熊厚锋等[24]采用钛酸四异丙酯（titanium tetraisopropanolate, TTIP）和硝酸银（$AgNO_3$）分别作为钛的前驱体和银源，以溶胶-凝胶法制备了具有可见光响应能力的Ag掺杂TiO_2，并将其负载在聚氨酯海绵载体材料上，在载体内部培养生物膜。采用内循环流化床ICPB反应器进行TCH的降解，TCH降解率为95%，并在6个周期中表现稳定。TCH的降解途径如图2.10所示。光催化产生质荷比为327、247、209和245的小分子中间产物，通过微生物的代谢活动将这些中间产物进一步分解矿化。微生物的降解作用实际上是酶促化学反应，主要途径包括水解、氧化、还原、缩合、脱羧、异构化等过程。在上述作用下，ICPB对TCH的矿化效率（以COD去除率表示）为66%，较单独生物降解提高了36%，较单独光催化降解提高了24%。

阿莫西林（amoxicillin, AMO）是一种氨苄青霉素的类似物，对许多革兰氏阳性和革兰氏阴性细菌具有广谱杀菌活性。Wang 等[33]在Ag掺杂TiO_2为光催化剂，聚氨酯海绵为载体的条件下，构建了ICPB体系，并比较了单独生物降解、单独光催化和ICPB去除AMO的能力以及出水的生物毒性。ICPB对AMO的去除率比光催化高40%，比生物降解高65%。在ICPB作用下，AMO的矿化可达35%左右。在毒性检测中发现，单独光催化本身会导致$C_{14}H_{21}N_3O_2S$的积累，单独生物降解会导致$C_{14}H_{21}N_3O_3$、$C_{16}H_{18}N_2O_4S$和$C_{15}H_{21}N_3O_3$的积累，相比之下，ICPB减少了中间产物的生成，从而减轻了出水对金黄色葡萄球菌生长、大型水蚤移动性和斑马鱼胚胎致畸率等的毒性影响。

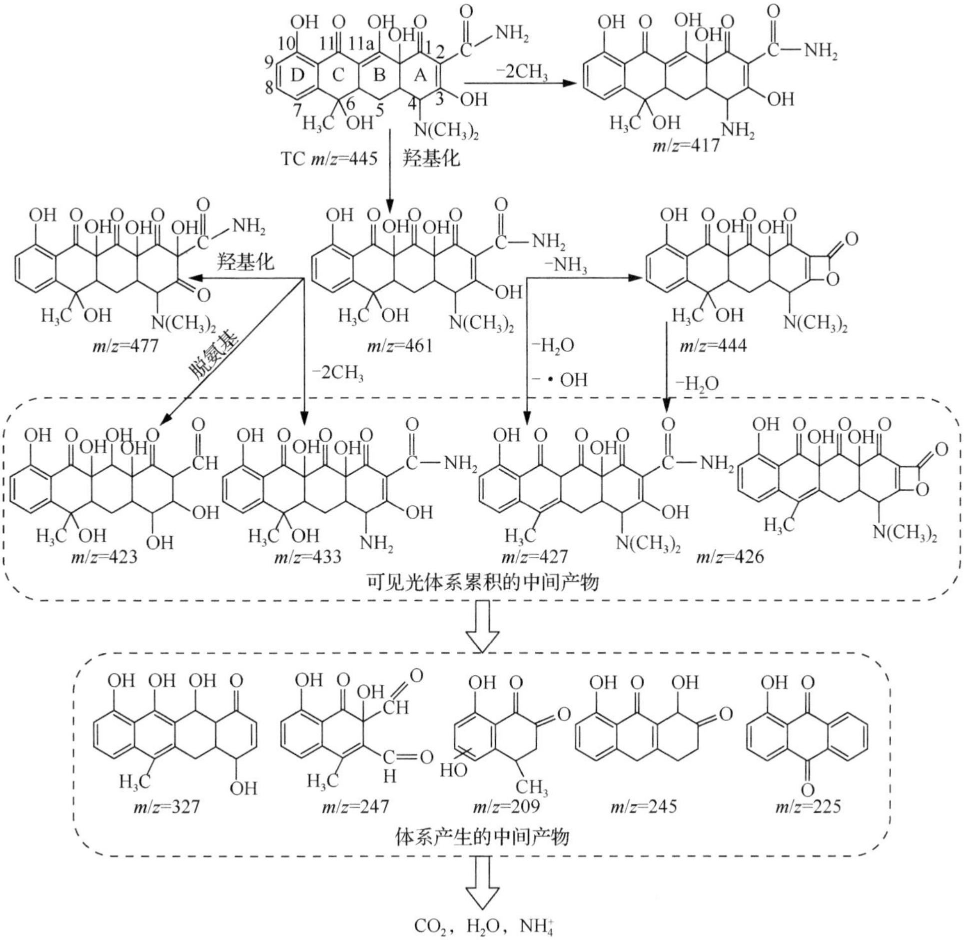

图 2.10　ICPB 体系中 TCH 的降解途径[24]

综上所述，ICPB 技术首先弥补了分段物化-生物降解组合技术的不足，避免了高级氧化控制不当导致污染物降解不完全或氧化过度的问题[12]；其次，ICPB 体系内微生物降解作用，减弱了光催化中间产物对自由基的竞争[13]，使其更专一地攻击目标难降解污染物。此外，ICPB 技术在处理染料、苯酚、硝基苯、二硝基甲苯（DNT）、吡啶等其他生物抑制性污染物时，也展现出了上述类似的优势。总之，ICPB 技术使高级氧化与生物降解互作互补，在强化有机污染物的高效去除、矿化与毒性削减方面具有显著优势。

参 考 文 献

[1] FUJISHIMA A, HONDA K. Electrochemical photolysis of water at a semiconductor electrode[J]. Nature, 1972, 238(5358): 37-38.

[2] NIU J, DING S, ZHANG L, et al. Visible-light-mediated Sr-Bi_2O_3 photocatalysis of tetracycline: kinetics, mechanisms and toxicity assessment[J]. Chemosphere, 2013, 93(1): 1-8.

[3] BANDARA J, PULGARIN C, PERINGER P, et al. Chemical (photo-activated) coupled biological homogeneous degradation of p-nitro-o-toluene-sulfonic acid in a flow reactor [J]. Journal of Photochemistry and Photobiology A: Chemistry, 1997, 111(1): 253-263.

[4] 徐娟. 微生物胞外聚合物与废水中有毒污染物相互作用及对生物反应器性能影响[D]. 合肥：中国科学技术大学, 2013.

[5] OLLER I, MALATO S, SÁNCHEZ-PÉREZ J A. Combination of advanced oxidation processes and biological treatments for wastewater decontamination—A review [J]. Science of the Total Environment, 2011, 409(20): 4141-4466.

[6] DONG S S, DONG S S, TIAN X D, et al. Role of self-assembly coated Er^{3+}: $YAlO_3/TiO_2$ in intimate coupling of visible-light-responsive photocatalysis and biodegradation reactions[J]. Journal of Hazardous Materials, 2016, 302:386-394.

[7] CAI H Y, SUN L, WANG Y M, et al. Unprecedented efficient degradation of phenanthrene in water by intimately coupling novel ternary composite Mn_3O_4/MnO_2-Ag_3PO_4 and functional bacteria under visible light irradiation[J]. Chemical Engineering Journal, 2019, 369:1078-1092.

[8] MARSOLEK M D, TORRES C I, HAUSNER M, et al. Intimate coupling of photocatalysis and biodegradation in a photocatalytic circulating-bed biofilm reactor[J]. Biotechnology and Bioengineering, 2010, 101(1): 83-92.

[9] LI G, PARK S, RITTMANN B E. Degradation of reactive dyes in a photocatalytic circulating-bed biofilm reactor[J]. Biotechnology and Bioengineering, 2012, 109(4): 884-893.

[10] 张雨婷, 张辰媛, 朱格, 等. 蜂窝陶瓷为生物膜载体的光催化/生物一体式反应器降解 2,4,6-三氯酚[J]. 陶瓷学报, 2017, 38(5): 679-682.

[11] ZHOU D D, XU Z X, DONG S S, et al. Intimate coupling of photocatalysis and biodegradation for degrading phenol using different light types: visible light vs UV light[J]. Environmental Science & Technology, 2015, 49(13): 7776-7783.

[12] 李婷婷. 光催化-生物降解直接耦合处理 TCH 废水的行为及生物响应的研究[D]. 长春：吉林大学, 2016.

[13] DING R, YAN W F, WU Y, et al. Light-excited photoelectrons coupled with bio-photocatalysis enhanced the degradation efficiency of oxytetracycline[J]. Water Research, 2018, 143:589-598.

[14] WANG X, HU J, CHEN Q, et al. Synergic degradation of 2,4,6-trichlorophenol in microbial fuel cells with intimately coupled photocatalytic-electrogenic anode[J]. Water Research, 2019, 156:125-135.

[15] 史俊龙. 活性物种在光催化-生物降解直接耦合体系中的作用与影响[D]. 长春：东北师范大学, 2017.

[16] ZHOU D D, DONG S S, SHI J L, et al. Intimate coupling of an N-doped TiO_2 photocatalyst and anode respiring bacteria for enhancing 4-chlorophenol degradation and current generation[J]. Chemical Engineering Journal, 2017, 317:882-889.

[17] 郭雲. 光催化与生物降解近场耦合协同作用强化方法与机制[D]. 长春：吉林大学, 2020.

[18] ZHANG L L, XING Z P, ZHANG H, et al. High thermostable ordered mesoporous SiO_2-TiO_2 coated circulating-bed biofilm reactor for unpredictable photocatalytic and biocatalytic performance[J]. Applied Catalysis B-Environmental, 2016, 180:521-529.

[19] 熊厚锋. 可见光催化氧化-生物降解直接耦合技术降解四环素废水的效能与作用机制[D]. 长春：吉林大学, 2017.

[20] 董山山. 可见光催化与生物氧化直接耦合工艺强化处理苯酚废水研究[D]. 长春：吉林大学, 2016.

[21] ZHANG J X, JIANG D L, Lars W, et al. Binary solvent mixture for tape casting of TiO_2 sheets[J]. Journal of the European Ceramic Society, 2004, 24(1):147-155.

[22] 张运林，秦伯强，朱广伟，等. 长江中下游浅水湖泊紫外辐射的衰减[J]. 中国环境科学，2005, 25(4):445-449.

[23] RAYMOND C S, KAREN S B. Penetration of UV-B and biologically effective does-rates in natural waters[J]. Photochemistry and Photobiology, 1979, 29: 311-323.

[24] XIONG H F, ZOU D L, ZHOU D D, et al. Enhancing degradation and mineralization of tetracycline using intimately coupled photocatalysis and biodegradation (ICPB)[J]. Chemical Engineering Journal, 2017, 316:7-14.

[25] ZHANG B, JI M, QIU Z G, et al. Microbial population dynamics during sludge granulation in an anaerobic-aerobic biological phosphorus removal system[J]. Bioresource Technology, 2011, 102(3): 2474-2480.

[26] CHANG B, HSU F Y, LIAO H Y. Biodegradation of three tetracyclines in swine wastewater[J]. Journal of Environmental Science and Health Part B, Pesticides, Food Contaminants, and Agricultural Wastes, 2014, 49:449-455.

[27] ABBASIAN F, LOCKINGTON R, MALLAVARAPU M, et al. A review on the genetics of aliphatic and aromatic hydrocarbon degradation[J]. Applied Biochemistry and Biotechnology, 2016, 178(2):224-250.

[28] 任琳, 张威. 含酚废水生物强化技术研究进展[J]. 环境保护与循环经济, 2014, 34(7): 46-48.

[29] LI G Z, PARK S, KANG D W, et al. 2,4,5-trichlorophenol degradation using a novel TiO_2-coated biofilm carrier: roles of adsorption, photocatalysis, and biodegradation[J]. Environmental Science & Technology, 2011, 45:8359-8367.

[30] ZHAO M Y, SHI J L, ZHAO Z Q, et al. Enhancing chlorophenol biodegradation: using a co-substrate strategy to resist photo-H_2O_2 stress in a photocatalytic-biological reactor[J]. Chemical Engineering Journal, 2018, 352:255-261.

[31] ÖZEN A. Modeling the oxidative degradation of azo dyes: a density functional theory study[J]. Journal of Physical Chemistry A, 2003, 107(24):4898-4907.

[32] LI X J, CUBBAGE J, TETZLAFF T, et al. Photocatalytic degradation of 4-chlorophenol. 1. the hydroquinone pathway[J]. Journal of Organic Chemistry, 1999, 64(23):8509-8524.

[33] WANG Y, CHEN C L, ZHOU D D, et al. Eliminating partial-transformation products and mitigating residual toxicity of amoxicillin through intimately coupled photocatalysis and biodegradation[J]. Chemosphere, 2019, 237: 124491.

第3章

高级氧化与生物降解近场耦合阳极电解池

废水处理的可持续发展必须通过废水资源化和能源化实现[1]。在这一背景下，电化学体系成为近年来废水处理领域的研究热点。其中，生物电化学体系致力于在废水处理过程中通过电子胞外传递生成电能或者氢能[2,3]。在实验室，醋酸钠和葡萄糖常作为模拟废水的有机组分，也有直接将生活污水中污染物能源化的报道[4]。然而，电活性微生物对废水中广泛存在的生物抑制性有机物非常敏感，显著降低了生物电化学体系的实际废水处理与能源化效率，甚至使体系崩溃[5]。与之相比，高级氧化电化学体系可以打破生物燃料电池在利用生物抑制性有机物方面的局限。但是，高级氧化电极存在成本高、不稳定、电能转化效率低的问题。有趣的是，高级氧化与生物电化学体系的互补特性与前文提到高级氧化与生物降解技术相似。因此，周丹丹与 Rittmann 教授提出了构建高级氧化-生物降解近场耦合阳极电解池的想法，以弥补单一电化学体系的不足，达到同步高效去除抑制性有机物和提高电能转化能力的目的。本章阐述了近场耦合电解池的两种主要构型 ICPB-阳极电解池和电芬顿-希瓦氏菌电解池的原理与效能。

3.1　ICPB-阳极电解池

3.1.1　ICPB-阳极电解池原理

以半导体材料作为阳极的光电化学电池，阳极与阴极通过半导体材料不匹配的费米能级设计实现电子的转移[6, 7]。TiO_2 是备受关注的半导体材料，但是其禁带宽度较大，只有在紫外光的照射下才能发生电子跃迁。可见，TiO_2 半导体较低的导带电势以及对光源较弱的选择性利用能力，限制了其电流产生效率，这成为传统光电化学的瓶颈之一[8, 9]。2014 年，Li 和 Qian 团队均提出了光催化氧化与生物耦合阳极的概念[10, 11]，然而在这种类似于三明治的结构中（如图 3.1 所示，由内至外：有机玻璃电极—赤铁矿—生物膜），半导体会直接与生物膜接触，光照后其产生的活性物种对生物膜具有一定的伤害作用。此外，他们的研究中并未强调生物抑制性有机物的降解。如何保证微生物活性及高效处理生物抑制性有机物成为催化与生物降解耦合电化学体系需要解决的关键问题。

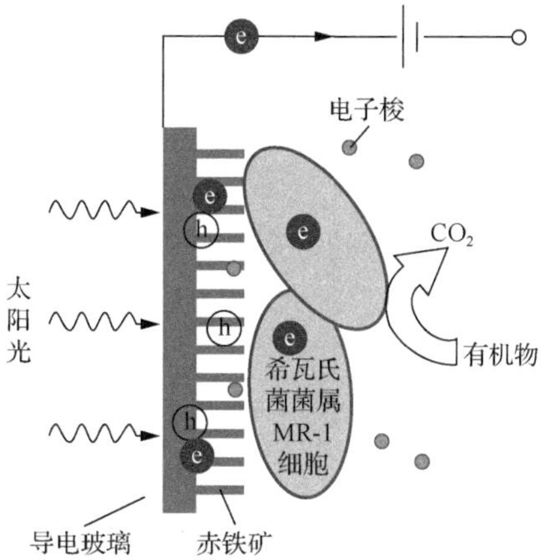

图 3.1　光催化氧化与生物耦合阳极反应与原理示意图[11]

基于光催化氧化-生物降解近场耦合原理设计 ICPB-阳极，能够解决上述关键问题。ICPB-阳极包括导电基底、光催化剂和微生物膜等主要组成部分。导电基底通常采用泡沫材料电极，比如泡沫碳、泡沫镍等多孔电极材料。产电微生物生长在泡沫导电基底材料内部，形成微生物膜，而光催化剂则负载到基底外表面。随着光催化反应的发生，光催化剂在可见光激发下降解污染物，而基底内部的电活性微生物不会受到光照影响并可利用光催化反应产生的中间产物。电流的产生不仅基于光激发作用下电子-空穴对分离，也包括电活性微生物通过细胞直接转移、纳米导线、电子中介体等多种方式发生的电子传递。也就是说，电子的来源包括光生电子，也包括生物代谢产生的电子。二者的贡献和共迁移机制是 ICPB-阳极电化学体系应优先明确的问题。

3.1.2　ICPB-阳极制备

（1）光催化材料负载。

ICPB-阳极制备包括催化剂的负载和电活性微生物富集两个主要环节。其中，催化剂的负载决定了 ICPB-阳极电化学体系的效率与稳定性。按照催化剂制备与负载的过程，可将催化剂负载方法分为吸附负载法和原位生长法两类。吸附负载法的主要过程包括：首先，采用常规的水热合成方法制备粉末或溶胶催化剂；然后，将催化剂分散到有机溶剂中；接着，将导电基底进行一系列预处理，使其更容易与催化剂结合；最后，将导电基底浸没于溶剂分散的催化剂悬浊液中，在 50～80℃低温中加热并振动，将分散好的导电基底低温烘干，完成催化剂在多孔导电基底表面的负载，如图 3.2 所示。

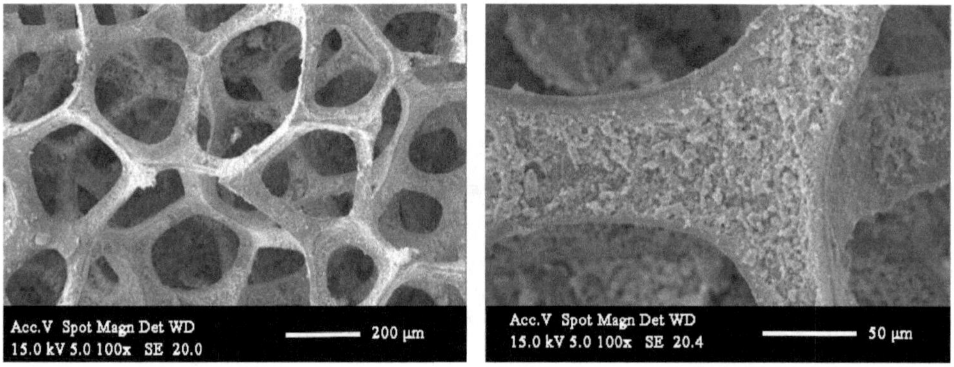

（a）低放大倍率　　（b）高放大倍率

图 3.2　吸附负载法在泡沫碳导电基底表面负载的 Ag-TiO_2

纳米阵列自生长法是常采用的原位生长法，具有负载均匀、负载稳定、比表面积大的显著优势[12]。负载过程的主要特点是将催化剂前驱体分散到导电基底上，然后经过水热反应在导电基底表面原位生长纳米阵列，再低温烘干或煅烧得到负载阳极，如图 3.3 所示。以在泡沫碳导电基底原位生长 Ag-TiO_2 纳米阵列为例，负载步骤主要为：分别配制硝酸银溶液和柠檬酸钠溶液备用，然后将两种溶液混合并加入去离子水，水浴加热溶液从无色变为棕黑色，溶液自然冷却后进行离心，倒出上清液后继续离心，重复此过程，得到纳米银溶液。配制 1∶1 的去离子水和盐酸混合溶液，添加钛酸四丁酯和银溶液，磁搅拌后将混合溶液转移到高压反应釜中，放入清洗好的泡沫碳，使其斜靠在罐壁上。密闭反应容器后放入恒温马弗炉中。

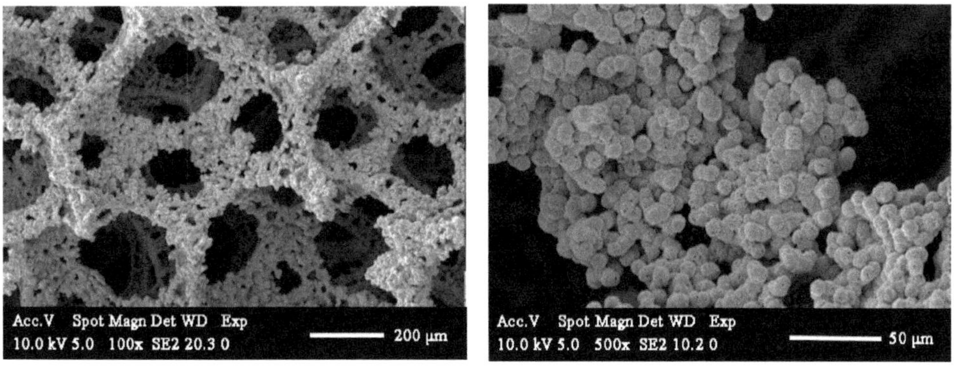

（a）低放大倍率　　（b）高放大倍率

图 3.3　泡沫碳导电基底表面原位生长的 Ag-TiO_2 纳米阵列

（2）电活性微生物及其电子传递。

在微生物电化学体系中，能够向电极进行电子传递的细菌统称为电活性微生物。电活性微生物是一类极其特殊的微生物，能够附着电极生长并形成具有电化学活性作用的生物膜，在自然界的矿物溶解、碳循环、重金属的吸附络合反应过程中起到关键的作用[3]。典型的电活性微生物包括地杆菌属（*Geobacter*）和希瓦氏菌属（*Shewanella*）[13, 14]。它们基于新陈代谢作用发生电子流动[4]，氧化产生的电子将经位于胞外电子传递链上的还原型辅酶 I（NADH）脱氢酶、泛醌、辅酶 Q 和其他一系列细胞色素 c，最终传递至胞外电子受体（如硫酸盐）获得更多的能量[7]。这种呼吸作用本质就是底物氧化过程中产生的还原性辅酶还原态氢和黄素腺嘌呤二核苷酸递氢体再次被氧化的过程[15]。正因为如此，微生物会将电子转移到阳极上实现电流的输出[5]。阳极呼吸菌的胞外电子传递具有以下两个特点：①与经典电子传递链相比，胞外电子的传递必须经过周质空间和外膜组分的传递，最终到达外膜；②细胞外膜上存在许多细胞色素 c 蛋白或其他功能蛋白，通过多种作用方式最终将电子由细胞外膜传递至胞外的电子受体。

以希瓦氏菌为例解释电活性微生物的胞外电子传递路径，如图 3.4 所示。希瓦氏菌有 42 个可能的细胞色素 c，并且 80%位于细胞外膜，覆盖膜表面积的 8%～34%[16]。细胞色素 a 参与大多数希瓦氏菌的厌氧呼吸过程，敲除细胞色素 a 会导致产电能力降低 80%以上[8]。细胞色素 a 主要作为电子传递的导管将电子传递到周围，与周围的还原性蛋白相互作用，形成暂时的复合体蛋白进行电子传递[9]。此外，比较重要的细胞色素还有延胡索酸还原酶（fumarate reductase, FccA），它是希瓦氏菌周质空间中最丰富的细胞色素蛋白。FccA 可以接受细胞色素 a 传递来的电子，还原态的 FccA 也可以通过 MtrA 蛋白间接还原水铁矿[17]。在细胞外膜上，细胞色素蛋白 MtrC、OmcA 对电子的传递也起到了至关重要的作用，如 MtrC 与 MtrA 和 MtrB 组成外膜复合体 Mtr-ABC 进行电子传递。在此复合体中，MtrA 既可以接受 FccA 传递的电子，又可以接受细胞色素 a 传递来的电子，是一种非常重要的细胞外膜蛋白[16, 18]。

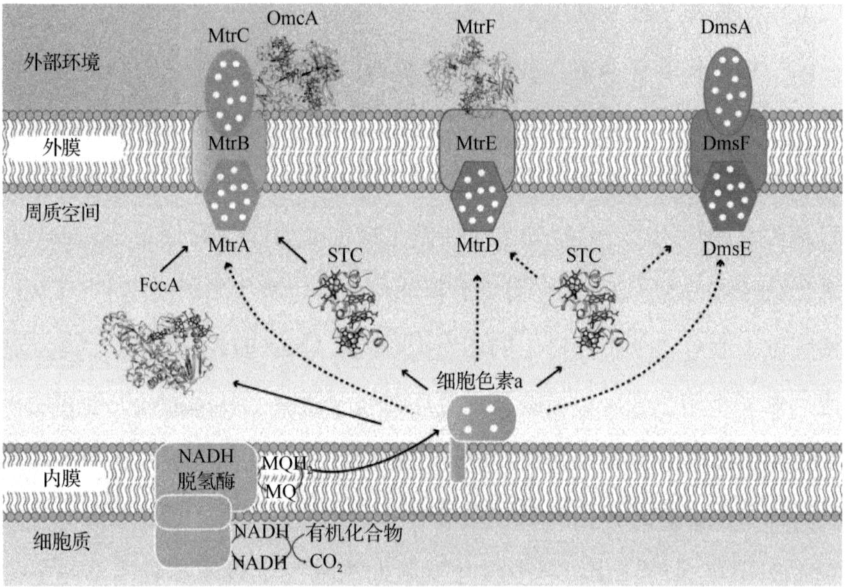

图 3.4　希瓦氏菌胞外电子传递路径图[7]

STC 表示一种 C 型细胞色素蛋白，MQH_2 表示得到电子的辅酶，MQ 表示失去电子的辅酶

3.1.3　ICPB-阳极电解池行为与特征

周丹丹等[9]以泡沫碳作为基底，采用吸附负载法将制备的 N 掺杂的 TiO_2 负载在泡沫碳电极表面，采用水热合成方法制备 N 掺杂的 TiO_2 粉末；然后，将催化剂分散到乙醇中；最后，将泡沫碳浸没于溶剂分散的催化剂悬浊液中，低温加热并

振动，随后将表面分散有催化剂的泡沫碳低温烘干，完成催化剂在泡沫碳表面的负载，之后将污水处理厂厌氧池污泥接种到 ICPB-阳极电解池阳极，以恒定电压驯化污泥使污泥中的产电菌成为优势菌群，在电极上形成以产电菌为主的生物膜。再接种电活性生物膜构成 ICPB-阳极。当电解池输出电流稳定后认为电活性生物膜成熟，ICPB-阳极电解池启动完成。ICPB-阳极电解池的结构如图 3.5 所示。当给予一定的光照时，光催化作用发生在 ICPB-阳极外表面，电活性微生物在泡沫碳空隙中就得到了保护，这正是高级氧化-生物降解近场耦合体系的特性。周丹丹团队还探究了 ICPB-阳极电解池序批运行时该系统对 4-氯酚的降解效率及其电化学性能[8]。避光条件下该体系输出电流密度很低，平均约为 0.001A/m^2，光照下也只提高到约 0.003A/m^2。电流密度的微小提升应该是由被光能激发的 N-TiO_2 光催化剂的导带引起的。生物阳极电池产生的电流密度约为 0.28A/m^2，远大于光催化阳极。更为重要的是，在 ICPB-阳极上的光催化作用可使电流密度提高 50%，达到 0.40A/m^2，且这种结果是可重现的。此外，与单一 N-TiO_2 阳极、单一生物阳极相比，ICPB-阳极对 4-氯酚的降解效率分别提高了约 30%和 15%。中间产物分析结果表明，ICPB-阳极产生了更多的脱氯产物及易分解产物，因此 ICPB-阳极的矿化效率也最高。循环伏安法表明，光催化剂和生物膜协同作用才能获得高电流密度。

为了明晰 ICPB-阳极的电子传递特性，采用连续流的模式运行 ICPB-阳极电解池，并间歇式地给予光照，电流密度对光照的响应见图 3.6。在 100mmol/L 磷酸缓冲盐溶液（phosphate buffer saline, PBS）和 50mmol/L NaHCO_3 电解液的体系中，光照会导致电流密度分别增加 5.7A/m^2 和 3.9A/m^2，与无光激发作用时相比分别增加了 49%和 53%。避光后，ICPB-阳极产生的电流密度恢复到光照前的水平，这表明电流密度的增加是光激发 N-TiO_2 纳米颗粒生成的光生电子贡献的。然而有趣的是，无电活性微生物的单一 N-TiO_2-阳极电解池产生的光电子电流非常微弱，仅约为 20μA/m^2，且对光激发几乎没有显著的响应。这是因为研究者对泡沫碳基底做了钝化处理，泡沫碳本身的欧姆电阻 R_{ohm} 高达 $3.0\times10^4\Omega$。那么，光生电子是在电活性微生物的介导作用下发生传递的吗？

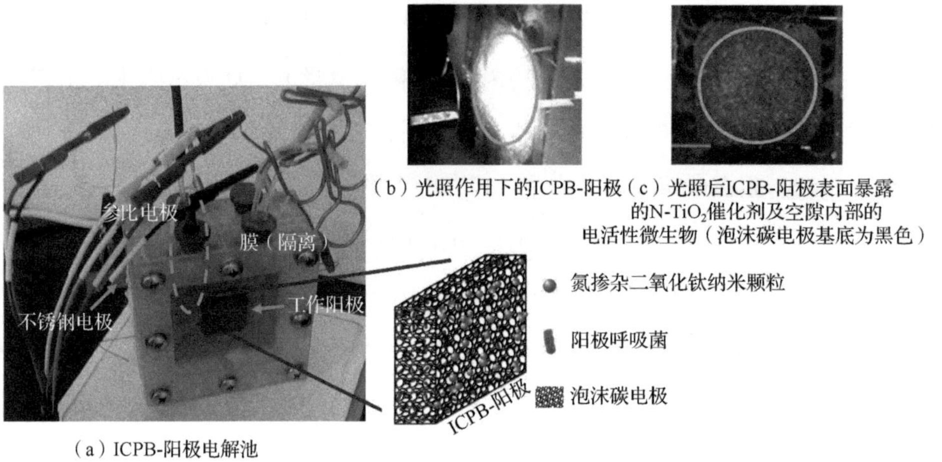

（a）ICPB-阳极电解池

（b）光照作用下的ICPB-阳极

（c）光照后ICPB-阳极表面暴露的N-TiO_2催化剂及空隙内部的电活性微生物（泡沫碳电极基底为黑色）

图 3.5　ICPB-阳极电解池的结构[9]

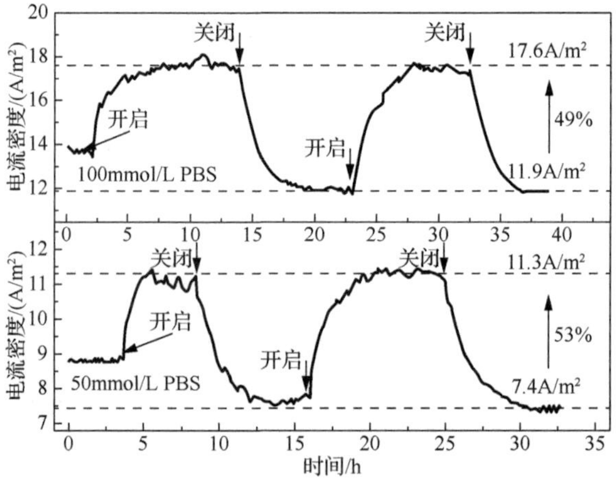

图 3.6　电解液种类对 ICPB-阳极电解池输出的电流密度影响[9]

ICPB-阳极电解池初始循环伏安曲线和导数循环伏安曲线如图 3.7 所示，进一步揭示了微生物电子传递酶活性对光照的响应。即便微生物处于饥饿态（无碳源供应，内源呼吸导致 COD 为 39mg/L），对光激发仍具有显著的响应，最大电流密度明显升高。当电解液中含有 50mmol/L 醋酸盐时，即富营养状态时，循环伏安曲线积分后能观察到光激发作用下至少有两个电子载体的活性增加了，标记为图中 P1 和 P2。它们相对于标准氢电极电位分别为−0.09V 和−0.16V，与阳极上的硫还原地杆菌（*Geobacter sulfurreducens*）[18]及细胞色素 c 的氧化还原电位接近。此外，ICPB-阳极的欧姆电阻仅为 $3.3\times10^2\Omega$，与光催化阳极相比降低了 98%。以上研究结果表明当泡沫碳基底的欧姆电阻较大时，电活性微生物形成的生物膜构成了“生物电极”承接光催化产生电子的传递。光生电子有可能作为外源电子强化了电活性微生物的某些代谢行为和污染物降解，这有待进一步证实。

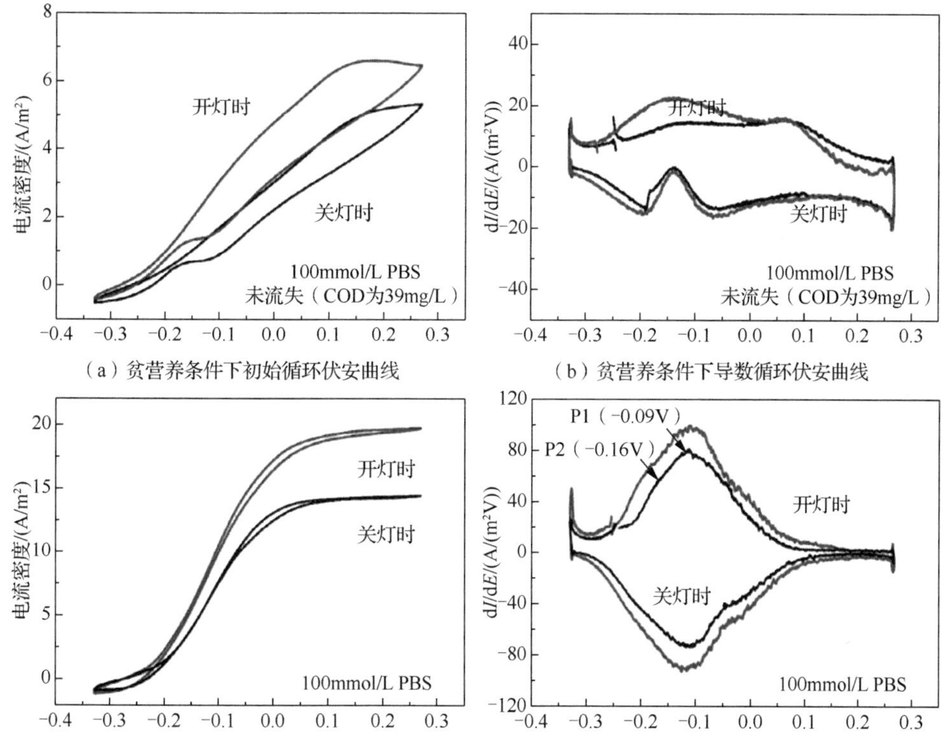

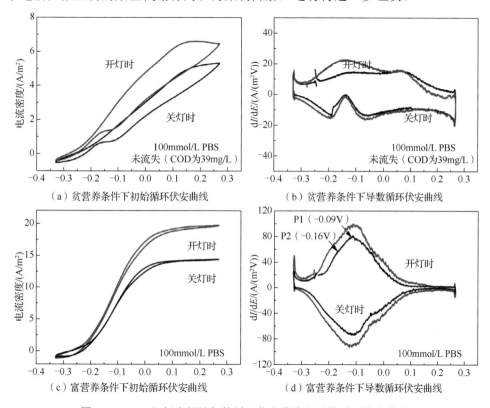

（a）贫营养条件下初始循环伏安曲线　（b）贫营养条件下导数循环伏安曲线

（c）富营养条件下初始循环伏安曲线　（d）富营养条件下导数循环伏安曲线

图 3.7 ICPB-阳极电解池初始循环伏安曲线和导数循环伏安曲线（以标准氢电极（V）为参比电极）[9]

3.2 电芬顿-希瓦氏菌电解池

芬顿技术是通过芬顿试剂 H_2O_2 和亚铁离子在低 pH 条件下反应，生成 Fe(III) 和•OH 来实现污染物降解的高级氧化技术。电芬顿技术是一种电化学高级氧化技术，其中原位生成•OH 是通过电力驱动过程实现的，主要特点是在阴极还原过程中氧气通过二电子还原方式生成了 H_2O_2，避免了在芬顿反应过程中运输和储存这种危险的化学物质。在芬顿链式反应当中，Fe(III)的还原是重要的限速步骤，这是影响电芬顿技术发展的重要问题之一，也会导致铁泥的产生。因此，解决 Fe(III)的还原有助于提高电芬顿技术降解污染物的能力。

希瓦氏菌作为典型的铁还原菌属，最主要的特征是它能够利用广泛的电子受体来产生能量，这些电子受体包括氧气、氮和硫循环的化合物、富马酸盐、砷酸盐、氧化三甲胺（TMAO）、二甲基亚砜（DMSO）、尿酸盐和各种金属或金属化合物。尤其是它的胞外电子传递功能，使其在金属氧化还原循环过程当中扮演着关键的角色，特别是它独特的铁还原功能，在 Fe(III)/Fe(Ⅱ)循环中发挥着重要的作用。理论上，希瓦氏菌能够作为电子传递的媒介，通过生物呼吸作用提高芬顿反应过程当中 Fe(III)还原为 Fe(Ⅱ)的效率，从而解决芬顿链式反应中 Fe(III)还原这一限速步骤导致铁循环速度慢的问题。

电芬顿-希瓦氏菌近场耦合体系的提出或许可以结合二者的优势。希瓦氏菌的加入不仅能够促进电芬顿反应中 Fe(III)/Fe(Ⅱ)的循环，对中间产物的生物降解/矿化能够强化电芬顿自由基靶向攻击母体难降解污染物。此外，希瓦氏菌是一种电化学活性菌，能参与电化学反应产生 H_2O_2，在微生物阳极中培养电化学活性微生物，可以驱动阴极氧气二电子发生还原反应产生 H_2O_2。

3.2.1　电芬顿-希瓦氏菌电解池原理

电芬顿-希瓦氏菌近场耦合体系是在电芬顿技术基础上，在三价铁阳极表面负载希瓦氏菌生物膜。三价铁阳极运行后，电芬顿作用产生的•OH 能攻击多数有机物包括难生物降解有机物，反应生成的中间产物可以被微生物作为代谢基质，并将电子传递至胞外，同时实现了污染物的矿化和电能回收。希瓦氏菌作为一种铁还原菌，还可以通过胞外电子传递促进 Fe(III)的还原，不仅能够促进电芬顿反应中 Fe(III)/Fe(Ⅱ)的循环，对中间产物的生物降解/矿化还能够强化电芬顿自由基靶向攻击母体难降解污染物。

电芬顿-希瓦氏菌近场耦合体系启动时要对工作电极施加+0.2V（以 Ag/AgCl 为参照）电势，并测量体系电流随时间的变化。当连续 3 个周期电流峰值保持稳定时，标志着生物膜已经足够成熟，体系启动成功。成熟耦合体系中，对耦合电极进行循环伏安扫描，会产生希瓦氏菌和赤铁矿作用的氧化还原峰和细胞色素 c 的电子传递氧化还原峰等。耦合体系阳极上的生物膜还会大幅度减小电池内阻，进而降低诱导电子转移的电位，获得更高的电流密度。

3.2.2　电芬顿-希瓦氏菌电解池启动

在电芬顿-希瓦氏菌近场耦合体系中，希瓦氏菌将 Fe(III)还原为 Fe(Ⅱ)，Fe(Ⅱ)与阴极电化学产生的 H_2O_2 反应，从而驱动了电芬顿反应。因此，电芬顿-希瓦氏菌近场耦合体系较其他体系都有更高的污染物降解率和 SCOD 去除率。为探究电芬顿降解苯酚时希瓦氏菌对 Fe(III)/Fe(Ⅱ)循环的驱动作用和相关机制，设计了如下体系：①F/S 体系，在 Fe_2O_3 电极上负载希瓦氏菌生物膜驱动电芬顿反应的体系；②空白体系，无 Fe_2O_3 和生物膜负载的体系；③F 体系，仅负载 Fe_2O_3 的体系；④S 体系，仅负载希瓦氏菌生物膜的体系。

Fe_2O_3 的负载采用电泳沉积的方式，以丙酮为溶剂，添加 I_2 单质和 α-Fe_2O_3，超声 30min 形成稳定的胶体，然后采用直流电源施加 20V 的电压，在电极表面形成均匀的 α-Fe_2O_3 膜后，马弗炉 400℃煅烧 30min。希瓦氏菌的培养是以乳酸盐作为碳源和电子供体的，作为一种兼性厌氧菌，在有氧的条件下能够更迅速地生长，更易于培养和分离。从−20℃保存的甘油菌种保藏管中将菌株挑取画线在固体溶菌肉汤卢里亚-贝尔塔尼（Luria-Bertani, LB）培养基琼脂平板上，放置于 30℃的培养箱中以活化菌株，然后挑取单菌落接种到 LB 培养基中富集生长，放置于好氧摇床中，在 30℃下培养约 16h 至稳定期的中后期。冷冻离心收集细菌培养物，最后用乳酸盐溶液重新悬浮已经洗净的菌体，4℃冷藏保存作为储备液，以备下一步实验所需。

图 3.8 为不同体系中溶解氧（dissolved oxygen, DO）浓度对苯酚降解率和 SCOD 去除率的影响。以 DO 浓度为 2mg/L 为例，F/S 体系中苯酚的降解率比其他三个体系累加起来还要高出约 67%，SCOD 去除率较 F 体系提高了约 72%，较 S 体系提高了约 50%。由此可见，除了空白体系、F 体系和 S 体系中的作用外，F/S 体系中还存在着微生物和电芬顿的协同作用。因此，电芬顿-希瓦氏菌近场耦合体系较其他体系甚至其他体系的累加都有更高的苯酚降解率和 SCOD 去除率。

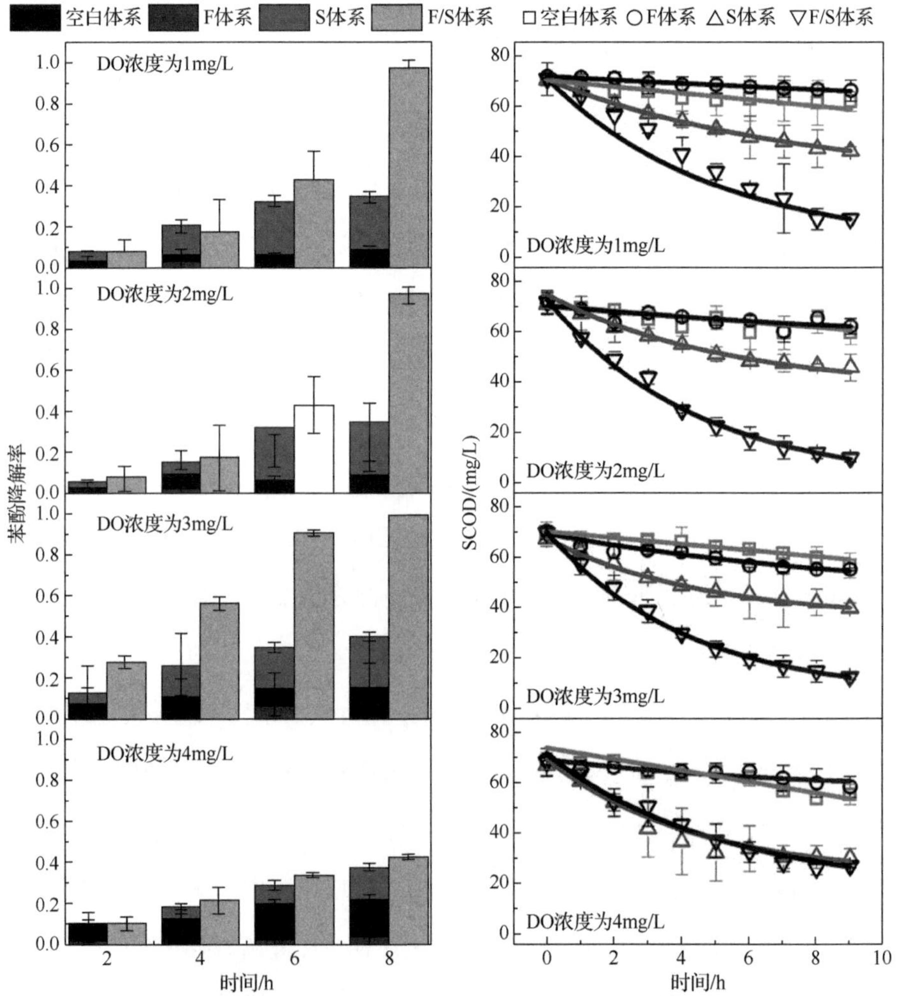

（a）苯酚降解率的变化　（b）SCOD浓度的变化

图 3.8　不同体系中 DO 浓度对苯酚降解率和 SCOD 去除率的影响[19]

值得注意的是，DO 浓度对耦合体系中微生物和电芬顿的协同作用具有重要影响。氧气是电芬顿-希瓦氏菌近场耦合体系中的一个重要影响因素，因为它在希瓦氏菌驱动 Fe(III)还原和电化学反应产生 H_2O_2 中起着相互矛盾的作用。氧气是 Fe(III)的竞争性电子受体，理论上对 Fe(III)的还原起负面作用[20]；然而，电化学产生 H_2O_2 过程中，氧气是不可或缺的原料[21]。因此，浓度过高或过低的 DO 都不利于苯酚的降解和 SCOD 的去除。从实验结果中可以看出，DO 浓度过高对苯酚降解和 SCOD 去除的影响较大。高浓度 DO（4mg/L）时，耦合体系中苯酚降解率和 SCOD 去除率分别仅约为 43%和 44%，而低浓度 DO（2mg/L）时，苯酚降解率和 SCOD 去除率分别可达到约 96%和 86%，低浓度 DO 条件下的苯酚降解率和 SCOD 去除率远远高于高浓度 DO 条件。较低的 DO 浓度更有利于微生物将 Fe(III)还原为 Fe(Ⅱ)参与电芬顿反应。

为了分析电极片上铁氧化物的结晶状况和晶体结构，对电极表面进行了 X 射线衍射（X-ray diffraction, XRD）表征测试。根据图 3.9（a）结果可以看出，对照电极的 XRD 图谱与赤铁矿（JCPDS No.33-0664）电极的 XRD 图谱有很高的重合率，且对照电极的衍射峰较尖，说明制备的对照电极为结晶度较好的 Fe_2O_3 电极。F 体系和 F/S 体系电极经批次实验后，衍射峰都变宽，说明铁氧化物逐渐变成了无定形结构。在 F 体系电极中，由于溶液中存在磷酸盐，赤铁矿部分转化为针铁矿（FeO(OH)，JCPDS No.29-0713）和磷酸铁（Fe_2PO_5，JCPDS No.36-0084）。在 F/S 体系中，赤铁矿除了转化为更多的磷酸铁外，还转化成了针铁矿（FeO(OH), JCPDS No.29-0713）。

在电极表面进行 X 射线光电子能谱（X-ray photoelectron spectroscopy, XPS）表征，进一步揭示 F/S 体系中希瓦氏菌对铁的还原效果。根据图 3.9（b）中 XPS 表征可以看出，大部分的 Fe 处于三价态。Fe 2p 图谱的峰主要在 711.1eV 和 724.8eV 处出现，分别对应着 Fe(III)中 $2p_{3/2}$ 和 $2p_{1/2}$ 的结合能，卫星峰分别在 719.3eV 和 733.2eV 处出现。在 714.1eV 处观察到了单独的 Fe(Ⅱ)中 $2p_{3/2}$ 的结合能的峰，但该峰较弱，这意味着电极片中 Fe(Ⅱ)的存在较少[22]。对峰面积进行积分可以得到各价态 Fe 的相对含量，F 体系中 Fe(Ⅱ)的相对含量为 12.59%，而 F/S 体系中 Fe(Ⅱ)的相对含量为 14.58%，较 F 体系增加了 1.99%。这说明在微生物的作用下，Fe(Ⅲ)部分还原为 Fe(Ⅱ)。由于反应过程中，希瓦氏菌还原生成的 Fe(Ⅱ)还会继续与 H_2O_2 反应从而氧化为 Fe(Ⅲ)，因此实际上希瓦氏菌对 Fe(Ⅲ)还原为 Fe(Ⅱ)的贡献应当大于 1.99%。

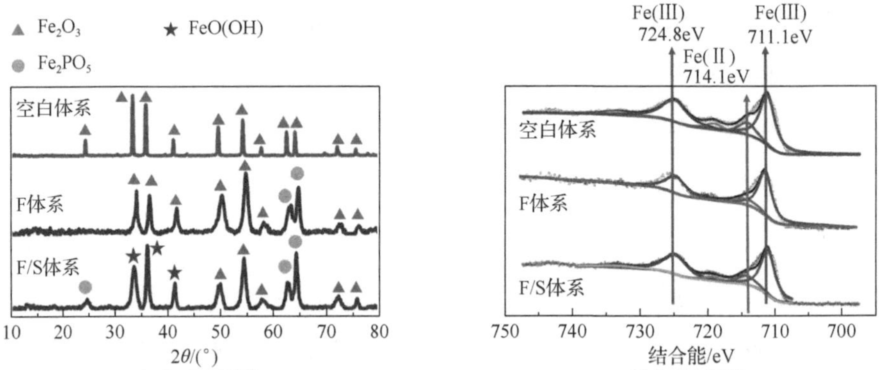

（a）XRD图谱　　（b）XPS图谱

图 3.9　不同体系电极 XRD 图谱和 Fe 2p XPS 图谱[19]（扫封底二维码查看彩图）

塔菲尔曲线可以直观地表示电极的氧化还原速率。将塔菲尔曲线的氧化还原区域的线性部分延伸到交点处，可以得到相应的腐蚀电流（I_{corr}）和腐蚀电位（V_{corr}）[23]。拟合塔菲尔曲线还原区域的线性部分，y 轴与拟合直线的交点为交换电流（I_0）的对数，可以用于评价电极的还原反应速率和反应动力学活性，I_0 越大说明还原反应速率越快，反应动力学活性越好[24, 25]。当 DO 浓度为 2mg/L 时，不同体系下的塔菲尔曲线如图 3.10 所示。F 体系的 I_{corr} 较空白体系、F/S 体系及 S 体系都高出了两个数量级，I_{corr} 越大意味着 Fe^{2+}更易于释放，从而促进芬顿反应[23]，这说明了在 F 体系和 F/S 体系当中 Fe(Ⅲ)被还原成了 Fe(Ⅱ)，并且以 Fe^{2+}的形式释放到了水中。F/S 体系中的 I_{corr} 是 F 体系的 6.29 倍，说明了 Fe(Ⅲ)还原生成的 Fe^{2+}在耦合中释放更快，希瓦氏菌参与了 Fe(Ⅲ)的还原，且速度快于电极上的电化学反应 Fe(Ⅲ)的还原。F/S 体系中的交换电流也是所有体系中最高的，也说明了该体系中的反应动力学活性最高，还原反应速率最快。

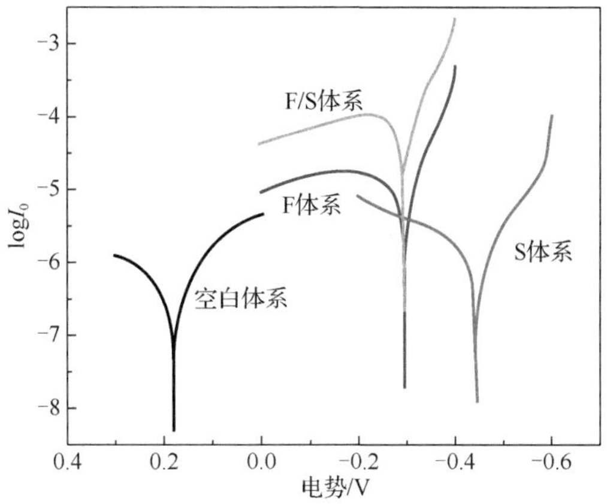

图 3.10　2mg/L 溶解氧条件下不同体系的塔菲尔曲线图[26]

循环伏安曲线可以用来研究电极表面上氧化还原反应的性质和机理。当 DO 浓度为2mg/L 时，不同体系的循环伏安曲线如图 3.11 所示。相比于空白体系，S 体系氧化峰和还原峰的位置分别出现在−0.105V 和−0.324V 处，中点电势为−0.215V。这与细胞色素 c 及电子中介体的氧化还原电势接近：MtrC（−0.250V）、OmcA（−0.201V[27]）和黄素（−0.210V[28]）。F/S 体系氧化还原峰的位置接近 S 体系的氧化还原峰的位置，但还原峰的峰电流显著增加，这说明赤铁矿的存在激发了希瓦氏菌异化还原 Fe(III)的能力。MtrC 和 OmcA 能与 Fe_2O_3 电极进行电子交换，起着希瓦氏菌异化还原铁呼吸通路中末端还原酶的作用[27]。中点电势为 0.2～−0.25V 的黄酮类化合物可以还原大多数铁的氧化物和可溶性 Fe(III)[28]。因此，MtrC、OmcA 和黄素在希瓦氏菌电子传递过程和异化还原 Fe(III)的过程中起着重要作用。

综上所述，可以推测出电芬顿-希瓦氏菌近场耦合体系反应机理，如图 3.12 所示。首先，阴极上的 O_2 被还原成 H_2O_2，阳极上的微生物将 Fe(III)还原为 Fe(Ⅱ)，H_2O_2 和 Fe(II)反应生成了·OH 和 Fe(III)，·OH 降解苯酚生成中间产物，微生物以这些中间产物作为碳源和电子供体，进一步还原 Fe(III)形成 Fe(Ⅱ)参与芬顿反应降解污染物。微生物通过 OmcA、MtrC 和黄素将电子传递到 Fe_2O_3 的导带上，使其从 Fe(III)还原为 Fe(Ⅱ)，使 Fe_2O_3 转化为了 Fe^{2+}、Fe_2O_5 和 FeOOH。

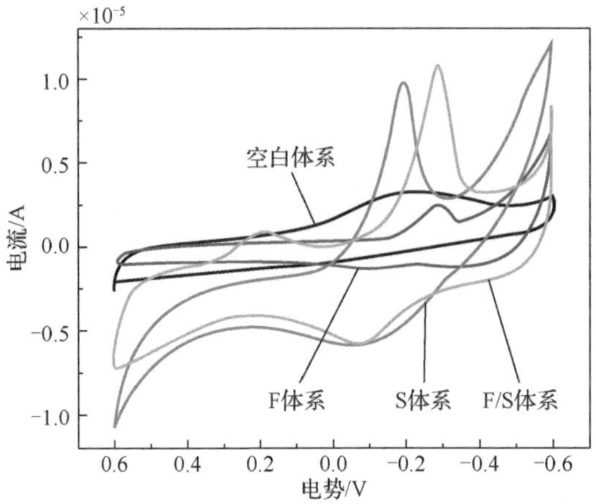

图 3.11　不同体系的循环伏安曲线[26]（扫封底二维码查看彩图）

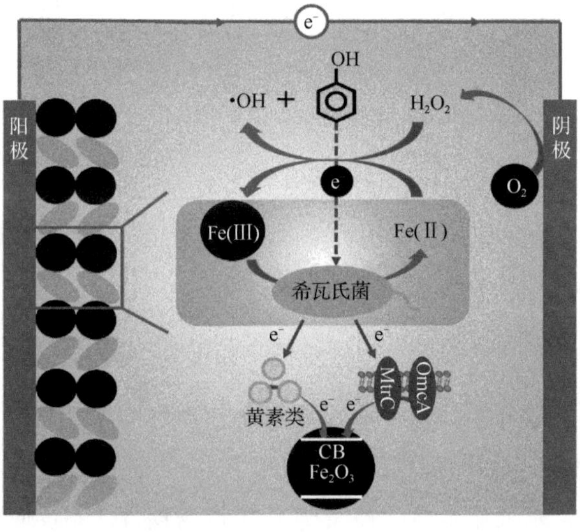

图 3.12　电芬顿-希瓦氏菌近场耦合体系反应机理[19]

CB 表示导带（conduction band）

3.2.3　电芬顿-希瓦氏菌电解池行为与特征

电芬顿-希瓦氏菌近场耦合体系中，生物降解与高级氧化在同一室内进行，希瓦氏菌降解底物产生的电能复合外加电源在阴极电解 O_2 产生 H_2O_2，芬顿降解的中间产物被生物所利用产生电能，进一步促进污染物的降解。生物降解和芬顿的结合，降低了芬顿的能耗，提高了污染物的矿化率，同时希瓦氏菌的铁还原能力使阳极负载的 Fe(III)快速被还原为 Fe(Ⅱ)。希瓦氏菌作为整个过程的中心，其电子传递过程对体系的运行起着至关重要的作用。希瓦氏菌主要依靠直接接触、电子中介体及纳米导线的方式进行胞外电子的传递[29]。赵明月等[19]在对电芬顿-希瓦氏菌电解池的电子传递方式进行研究时发现，希瓦氏菌依靠核黄素和细胞色素两种物质进行电子的传递，XPS 的结果显示，反应过程 Fe(III) 和 Fe(Ⅱ)均存在，但以 Fe(III)为主。希瓦氏菌与 α-Fe_2O_3之间的相互作用，一方面作为细胞呼吸的电子受体，另一方面半导体性质的 α-Fe_2O_3 可能辅助希瓦氏菌进行电子传递[30, 31]。

3.2.4　电芬顿-希瓦氏菌电解池运行稳定性

赵明月[26]探究了 F/S 体系在长期运行条件下的苯酚降解稳定性、出水毒性和铁流失情况。长期运行时间为 25d，在此过程中，F/S 体系体现出优于 F 体系的出水稳定性。在用发光细菌进行出水毒性分析时，F/S 体系的出水毒性相较于 F 体系显著降低。铁流失情况显示 F/S 体系稳定性良好。

长期运行下进水及 F 体系和 F/S 体系出水的苯酚负荷和 COD 浓度如图 3.13 所示。苯酚的初始表面负荷约为 4.5g/(m^2·d)。第 1 天时，F 体系的苯酚通量仅为 2.0g/(m^2·d)，F/S 体系的苯酚通量达 4.0g/(m^2·d)，说明 F/S 体系对苯酚的降解能力更强，体现了微生物和电芬顿的协同作用。从第 2 天起，两个体系的通量均接近苯酚的初始表面负荷，说明两个体系均能够完全降解苯酚，体系稳定有效。虽然 F 体系中苯酚去除率在第 2 天后也达到了近 100%，但 COD 的去除率远低于 F/S 体系，这说明微生物在污染物的进一步矿化中发挥重要作用，微生物可以利用中间产物作为碳源和电子供体满足自身生长代谢。即使 F 体系对苯酚的降解率与 F/S 体系相当，但由于其缺少微生物的作用，在矿化方面始终没有取得和 F/S 体系相仿的结果。

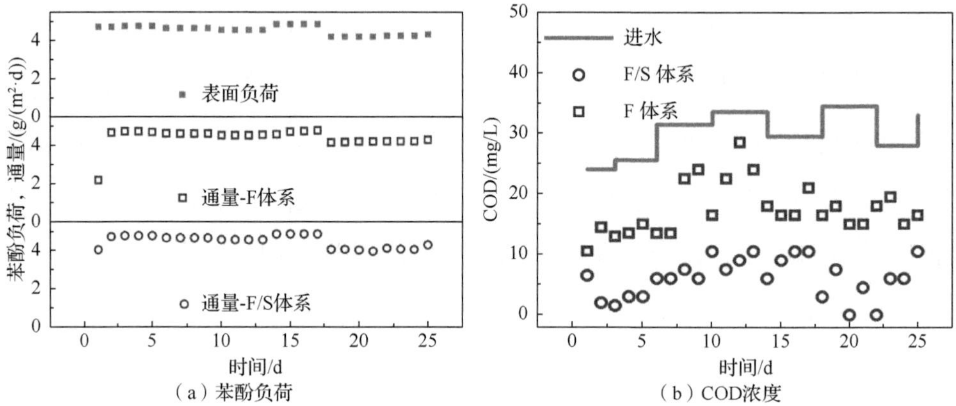

图 3.13　长期运行下 F 体系和 F/S 体系出水苯酚负荷和 COD 浓度[19]

利用发光细菌青海弧菌 Q67 进行出水的毒性分析，用发光细菌抑制率表征水体的急性毒性，长期运行下 F 体系和 F/S 体系的发光细菌抑制率如图 3.14 所示。进水对发光细菌的抑制率都接近 100%，说明 10mg/L 的苯酚对微生物的毒性已经足够抑制所有微生物，导致其受损死亡。F 体系的出水对发光细菌的抑制率也接近 100%，说明单纯的电芬顿作用并没有降低出水毒性，虽然 F 体系中苯酚的降解率接近 100%，但仍有大量毒性较强的中间产物累积在出水中，这也正是该体系 COD 去除率不高的原因。而 F/S 体系中出水对发光细菌的抑制率低于 F 体系，为 81%～94%，这说明 F/S 体系的出水毒性更低，矿化程度较高。这是由于微生物在污染物的进一步矿化中发挥了重要的作用，微生物可以利用中间产物作为碳源和电子供体以满足自身生长代谢所需，毒性较大的中间产物因此被消耗，使出水毒性降低，提高了 COD 的去除率。

图 3.15 为长期运行下 F 体系和 F/S 体系的铁流失情况。F/S 体系铁的流失要略高于 F 体系，说明有更多的 Fe^{2+}被释放到了水中参与芬顿反应，这与塔菲尔曲线（图 3.10）的结果一致。在 25 天的操作中，两个阳极的每日铁损失量在 0.2～0.6mg 波动。最后，两者的总铁损失量均不超过 10%，说明在电芬顿反应过程中，铁含量基本保持稳定，可以很好地涂覆到阳极上。因此，尽管 F/S 体系的阳极受

到了更为严重的腐蚀，但 Fe(II)氧化是一个容易发生的反应，而 F/S 体系的阳极可以有效地实现 Fe(III)沉积。

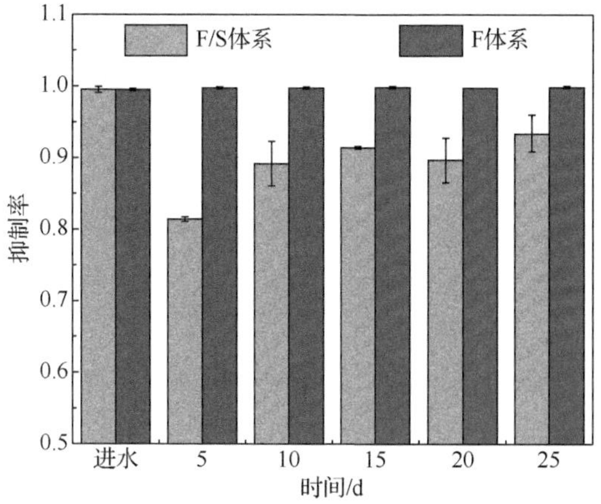

图 3.14　长期运行下 F 体系和 F/S 体系的发光细菌抑制率[19]

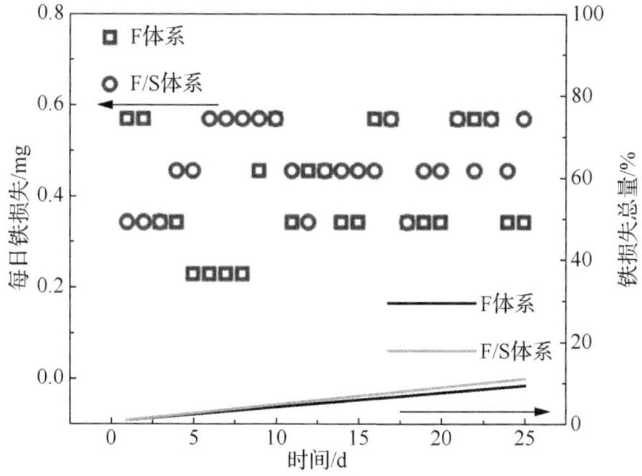

图 3.15　长期运行下 F 体系和 F/S 体系的铁流失情况[19]

参 考 文 献

[1] LIU H, CHENG S A, LOGAN B. Production of electricity from acetate or butyrate using a single-chamber microbial fuel cell[J]. Environmental Science & Technology, 2005, 39:658-662.

[2] RABAEY K, LISSENS G, SICILIANO S, et al. A microbial fuel cell capable of converting glucose to electricity at high rate and efficiency[J]. Biotechnology Letters, 2003, 25:1531-1535.

[3] SCHRÖDER U. Anodic electron transfer mechanisms in microbial fuel cells and their energy efficiency[J]. Physical Chemistry Chemical Physics, 2007, 9:2619-2629.

[4] LOGAN B, REGAN J. Electricity-producing bacterial communities in microbial fuel cells[J]. Trends in Microbiology, 2007, 14:512-518.

[5] POTTER M C, WALLER A D. Electrical effects accompanying the decomposition of organic compounds[J]. Proceedings of the Royal Society of London Series B, Containing Papers of a Biological Character, 1911, 84(571): 260-276.

[6] ROLLER S, BENNETTO H, DELANEY G, et al. Electron-transfer coupling in microbial fuel cells: 1. comparison of redox-mediator reduction rates and respiratory rates of bacteria[J]. Journal of Chemical Technology and Biotechnology Biotechnology, 2008, 34:3-12.

[7] PARK D H, ZEIKUS J. Electricity generation in microbial fuel cells using neutral red as an electronophore[J]. Applied and Environmental Microbiology, 2000, 66:1292-1297.

[8] 马冬梅. 光催化-微生物降解直接耦合燃料电池降解 4-氯酚和产电特性研究[D]. 长春：吉林大学, 2017.

[9] ZHOU D D, DONG S S, SHI J L, et al. Intimate coupling of an N-doped TiO_2 photocatalyst and anode respiring bacteria for enhancing 4-chlorophenol degradation and current generation[J]. Chemical Engineering Journal, 2017, 317:882-889.

[10] LI D B, CHENG Y Y, LI L L, et al. Light-driven microbial dissimilatory electron transfer to hematite[J]. Physical Chemistry Chemical Physics, 2014, 16(42): 23003-23011.

[11] QIAN F, WANG H, LING Y, et al. Photoenhanced electrochemical interaction between *Shewanella* and a hematite nanowire photoanode[J]. Nano Letters, 2014, 14(6): 3688-3693.

[12] CHINNAMUTHU P, DHAR J C, MONDAL A, et al. Ultraviolet detection using TiO_2 nanowire array with Ag Schottky contact[J]. Journal of Physics D-Applied Physics, 2012, 45(13): 135102.

[13] 刘媛媛. Ag/AgCl/GO 基光催化燃料电池对罗丹明 B 的降解及产电研究[D]. 大连：大连理工大学, 2016.

[14] WANG C, SHAO C, ZHANG X, et al. SnO_2 nanostructures-TiO_2 nanofibers heterostructures: controlled fabrication and high photocatalytic properties[J]. Inorganic Chemistry, 2009, 48:7261-7268.

[15] KANEKO M, NEMOTO J, UENO H, et al. Photoelectrochemical reaction of biomass and bio-related compounds with nanoporous TiO_2 film photoanode and O_2-reducing cathode[J]. Electrochemistry Communications-Electrochem Community, 2006, 8:336-340.

[16] ARORA P, BAE H. Bacterial degradation of chlorophenols and their derivatives[J]. Microbial Cell Factories, 2014, 13: 31.

[17] LI X J, Cubbage J, Jenks W. Photocatalytic degradation of 4-chlorophenol. 2. The 4-chlorocatechol pathway[J]. Journal of Organic Chemistry, 1999, 64:8525-8536.

[18] SANTOS T, SILVA M, MORGADO L, et al. Diving into the redox properties of *Geobacter* sulfurreducens cytochromes: a model for extracellular electron transfer[J]. Dalton Transactions, 2015, 44(20):9335-9344.

[19] ZHAO M Y, CUI Z C, FU L, et al. *Shewanella* drive Fe(III) reduction to promote electro-Fenton reactions and enhance Fe inner-cycle[J]. ACS EST Water, 2021, 1(3):613-620.

[20] SEKAR R, DICHRISTINA T J. Microbially driven Fenton reaction for degradation of the widespread environmental contaminant 1,4-dioxane[J]. Environmental Science & Technology, 2014, 48(21): 12858-12867.

[21] LI X H, JIN X D, ZHAO N N, et al. Novel bio-electro-Fenton technology for azo dye wastewater treatment using microbial reverse-electrodialysis electrolysis cell[J]. Bioresource Technology, 2017, 228:322-329.

[22] SUN M, CHU C H, GENG F L, et al. Reinventing Fenton chemistry: iron oxychloride nanosheet for pH-insensitive H_2O_2 activation[J]. Environmental Science & Technology Letters, 2018, 5(3): 186-191.

[23] LIU X W, SUN X F, LI D B, et al. Anodic Fenton process assisted by a microbial fuel cell for enhanced degradation of organic pollutants[J]. Water Research, 2012, 46(14): 4371-4378.

[24] TAO L, XIE M S, CHIEW G G Y, et al. Improving electron trans-inner membrane movements in microbial electrocatalysts[J]. Chemical Communications, 2016, 52(37): 6292-6295.

[25] RAGHAVULU S V, BABU P S, GOUD R K, et al. Bioaugmentation of an electrochemically active strain to enhance the electron discharge of mixed culture: process evaluation through electro-kinetic analysis[J]. RSC Advances, 2012, 2(2): 677-688.

[26] 赵明月. *Shewanella* 驱动电芬顿反应中 Fe(III)/Fe(II)循环的作用与机制[D]. 长春：东北师范大学, 2020.

[27] MEITL L A, EGGLESTON C M, COLBERG P J S, et al. Electrochemical interaction of *shewanella oneidensis* MR-1 and its outer membrane cytochromes OmcA and MtrC with hematite electrodes[J]. Geochimica Et Cosmochimica Acta, 2009, 73(18): 5292-5307.

[28] MARSILI E, BARON D B, SHIKHARE I D, et al. *Shewanella* secretes flavins that mediate extracellular electron transfer[J]. Proceedings of the National Academy of Sciences of the United States of America, 2008, 105(10): 3968-3973.

[29] 韩俊成. 希瓦氏菌胞外电子传递机制的解析和应用[D]. 合肥：中国科学技术大学, 2017.

[30] LOGAN B E, ROSSI R, RAGAB A A, et al. Electroactive microorganisms in bioelectrochemical systems[J]. Nature Reviews Microbiology, 2019, 17(5): 307-319.

[31] KATO S, HASHIMOTO K, WATANABE K. Microbial interspecies electron transfer via electric currents through conductive minerals[J]. Proceedings of the National Academy of Sciences of the United States of America, 2012, 109(25): 10042-10046.

第 4 章

臭氧氧化-生物降解近场耦合技术

光催化氧化-生物降解近场耦合技术将高级氧化反应与生物处理巧妙耦联。处理毒性有机物时，光催化反应是生物膜的保护屏障，不仅避免了传统工艺中过度氧化或生物中毒的问题，还充分发挥了生物降解之所长，提高了有机物降解效率并降低了产物毒性。但是，部分特种工业废水具有高色度、高浊度的水质特征，光传播受到阻碍，从而制约了光催化氧化反应的效率。此外，纳米催化材料流失产生的二次污染问题和光源散热产生的污水热污染问题也是 ICPB 在实际工程应用中的瓶颈。臭氧氧化技术同样具有氧化性强、羟基自由基转化率高的特点，且在应用时受浊度和色度等影响较小，不涉及催化剂流失、光源产生热污染等问题，具有传质效率高、无二次污染、运行成本低等优势。因而，以臭氧氧化代替光催化氧化，建立臭氧氧化-生物降解近场耦合（SCOB）体系，处理高色度/浊度废水具有显著优势。SCOB 体系构建的关键在于臭氧浓度的优选，这是因为臭氧半衰期较羟基自由基长，有传质至生物膜，损伤生物活性的风险。本章阐述了 SCOB 反应的基本原理及行为特征，特别明晰了溶解氧对 SCOB 体系构建的关键作用。

4.1 臭氧氧化-生物降解近场耦合原理

向负载生物膜的多孔填料悬浮体系中通入一定浓度的臭氧处理工业废水，臭氧氧化和生物降解分别在多孔载体表面和内部同时发生，一方面臭氧氧化的可生物降解中间产物直接被载体空隙中的生物膜利用，另一方面生物膜在优选的臭氧负荷下不会被破坏，这样的耦合体系即为臭氧氧化-生物降解近场耦合。在该体系中，臭氧的氧化电极电位为 2.07eV，具有强氧化性，可以直接氧化污染物；也可以与水反应生成氧化性更强的•OH（标准氧化电位为 2.80eV）等自由基参与反应，这些活性物种将难降解污染物氧化成为可生物降解性强的中间产物。进一步地，生物膜中的微生物直接利用所产生的中间产物，达到降低毒性和矿化污染物的目的。

4.2　臭氧氧化-生物降解近场耦合反应器

2020 年，SCOB 体系首次用于处理人工模拟 TCH 废水[1]。如图 4.1 所示，SCOB 体系包括气泵、臭氧发生器、臭氧收集装置、多孔悬浮填料与曝气式反应器组成。反应器底部设置曝气盘，与臭氧发生器连接，配置带阀门的气体流量计调节空气流量。选用边长为 2mm 的聚氨酯海绵（孔隙率为 87%，孔径为 0.1～0.3mm）作为生物膜载体。首先将多孔载体材料浸没在活性污泥中 24h，使载体内部和表面充分吸附微生物，再将污水在连续流曝气装置中培养至各项出水水质指标稳定、肉眼可见生物膜附着于载体空隙中，此时认为生物膜培养成熟。启动 SCOB 体系时，通入臭氧，负载生物膜载体在臭氧气泡的作用下流化起来，形成了臭氧氧化和生物降解反应紧密结合。剩余的臭氧采用碘化钾溶液收集。

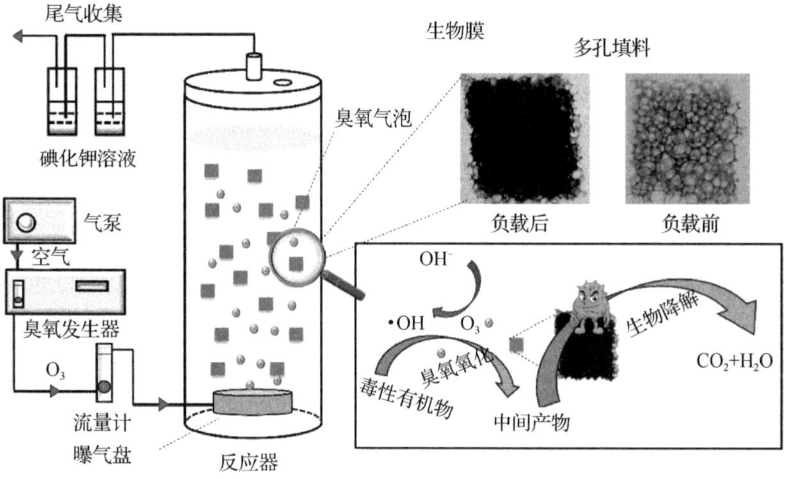

图 4.1　SCOB 体系及其反应机理示意图[1]

在上述体系中，难生物降解的有机物被臭氧及其链式反应产生的自由基（如•OH 等）氧化为可生物降解的中间产物[2,3]。随后，可生物降解的中间产物立刻传质至海绵内部被微生物利用。与传统的臭氧+生物降解工艺相比，SCOB 体系在处理毒性有机废水时的优势主要体现在以下两方面：其一，中间产物的生物降解减弱了其对•OH 等自由基的竞争，使得自由基更专一于攻击目标物质，加快了目标高毒性有机物的降解速率[4,5]；其二，被羟基等活性物种氧化的可生物降解中间产物可以作为营养物质被微生物利用[6]，从而促进微生物生长和维系 SCOB 体系稳定运行[7]。

4.3 臭氧氧化-生物降解近场耦合处理抗生素废水

4.3.1 抗生素降解

处理初始浓度为 30mg/L 的人工模拟 TCH 废水时，臭氧剂量对单一臭氧氧化体系和 SCOB 体系中 TCH 降解效率的影响，如图 4.2 所示[1]。多孔聚酯酰胺载体对 TCH 的吸附去除率和单一生物降解对 TCH 的去除率均不超过 8%（图 4.2（a））。可见，臭氧氧化是 TCH 降解的驱动开关，也是生物降解反应发生的前提条件，这表明了臭氧氧化与生物降解耦合的必要性。

与单一臭氧氧化体系相比，不同臭氧剂量下的 SCOB 体系在 TCH 去除率和降解速率常数方面均具有显著的优势，且这一优势在臭氧剂量低于 2.0mg O_3/(L·h) 时尤为显著（图 4.2（a）与（b））。以臭氧剂量为 0.4mg O_3/(L·h)为例，单一臭氧氧化体系在反应 8h 后对 TCH 的去除率达到约 95%，而 SCOB 体系在反应 6h 就达到了几乎相同的降解率。同时，SCOB 体系的降解速率常数为 0.6587h^{-1}，较单一臭氧氧化体系提高了 171%。将 TCH 去除率转换为臭氧剂量表示的形式（mg TCH/mg O_3），SCOB 体系对其降解可达到 7.5mg TCH/mg O_3。这明显优于其他文献中报道的通过单一臭氧氧化（0.738mg TCH/mg O_3）和臭氧-紫外技术降解 TCH 的效能（6.25mg TCH/mg O_3）[2, 8, 9]。总之，在去除率和降解速率方面，SCOB 体系均优于单一生物降解体系和单一臭氧氧化体系。

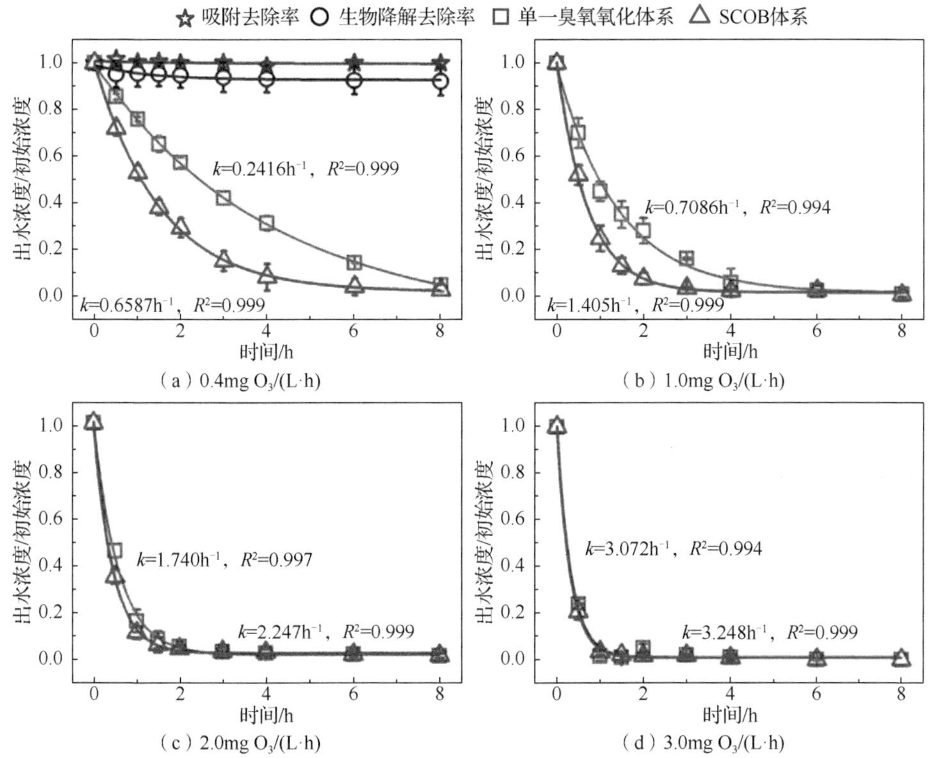

图 4.2　稳定期不同臭氧剂量下各体系对 TCH 去除情况[1]

4.3.2　臭氧剂量对体系稳定性的影响

如上所述，SCOB 体系成功构建的关键是臭氧剂量优选，既满足 TCH 降解需求，又使残存臭氧浓度足够低而不损伤生物膜。当臭氧剂量升高到一定限值后，SCOB 体系相对单一臭氧氧化体系则不具有明显优势。臭氧剂量为 2.0mg O_3/(L·h) 时（图 4.2（c）），单一臭氧氧化体系与 SCOB 体系对 TCH 的去除率随时间变化的差异性不大，SCOB 体系仅将降解速率常数提高 29%。然而，当臭氧剂量达到

3.0mg O_3/(L·h)时（图 4.2（d）），SCOB 体系生物降解对 TCH 去除已基本没有促进作用，与单一臭氧氧化的反应动力学常数趋于相同。可见，在 SCOB 体系运行过程中，过低的臭氧剂量无法满足 TCH 初始降解需求，而过高的臭氧剂量氧化杀菌作用显著，使生物降解效率降低，SCOB 体系优势无明显体现。

图 4.3 进一步给出了连续运行 6 个周期时，臭氧剂量对 SCOB 体系出水稳定性的影响。当臭氧剂量仅为 0.4mg O_3/(L·h)时，SCOB 体系的运行稳定性最差（图 4.3（a））。TCH 降解效率随运行周期增加而逐渐降低，第 6 周期与第 1 周期相比，反应动力学常数降低了 80%。这是因为，SCOB 体系中臭氧剂量过低导致 TCH 残留浓度高，TCH 的抗性对生物膜产生了灭活作用，这种负面影响随着运行时间的延长而逐渐加剧。

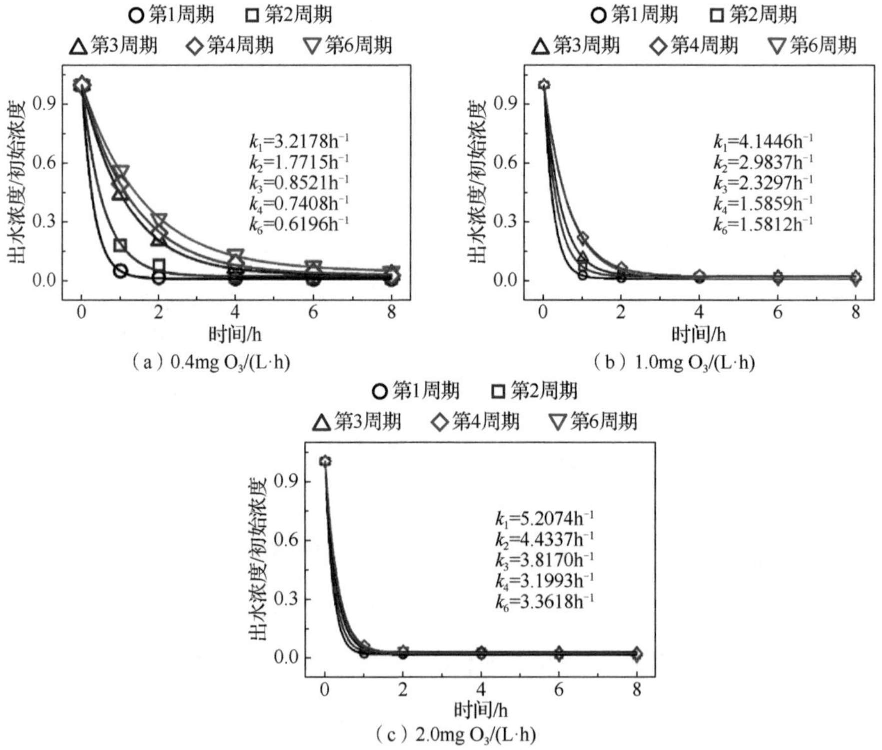

图 4.3　SCOB 体系中臭氧剂量对各运行周期的 TCH 去除影响[1]

当臭氧剂量提高至 1.0mg O_3/(L·h)和 2.0mg O_3/(L·h)时，前 3 个周期的 TCH 降解效率逐渐降低。TCH 去除率出现波动是因为 TCH 虽然能够被臭氧氧化而快速去除，但是附着在海绵载体上的微生物处理 TCH 中间产物仍需要一定的适应期，这一阶段被称为 SCOB 体系的生物驯化阶段。第 4～6 周期后，TCH 降解效率趋于稳定，表明 SCOB 体系中微生物逐渐适应体系环境并更加成熟，生物群落结构和生物量逐渐稳定，说明 SCOB 体系在适宜的臭氧剂量下可以长期稳定运行[4]。以上结果说明，在较低臭氧剂量下残余 TCH 的毒性是制约生物降解效率的关键，过度的臭氧氧化将造成生物损伤而影响 SCOB 体系连续运行的稳定性，适宜的臭氧剂量是保证 SCOB 体系稳定运行的决定性因素。

各运行周期生物量的变化揭示了臭氧剂量对生物膜的损伤程度，如图 4.4 所示。在 0.4～2.0mg O_3/(L·h)的臭氧剂量下，前 3 个周期生物量均呈现逐渐降低的趋势。臭氧剂量为 0.4mg O_3/(L·h)时，生物量下降最为显著，达到 15%。结合 TCH 降解效率结果，说明该剂量下的低 TCH 降解率导致生物在抗生素的胁迫作用下逐渐衰亡。当臭氧剂量达到 2.0mg O_3/(L·h)时，生物量在第 4～6 周期趋于稳定，表明 SCOB 体系经过了适应期后，基于对 TCH 臭氧氧化中间产物的利用，微生物恢复了增殖速率。

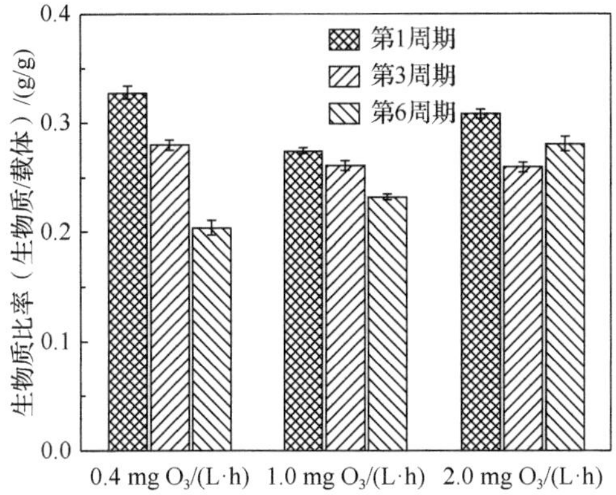

图 4.4　不同臭氧剂量下 SCOB 体系各运行周期的生物量变化情况[1]

透射电镜（transmission electron microscope, TEM）图像揭示了臭氧剂量对SCOB体系载体内部生物膜微观结构的影响，如图4.5所示。初始生物膜均匀地分布在载体空隙内部，细胞轮廓清晰，细胞壁及细胞组织完整，如图4.5（a）、（b）所示。图4.5（c）、（d）为0.4mg O_3/(L·h)臭氧剂量下SCOB体系稳定期不同放大倍数的生物膜TEM图像，图4.5（e）、（f）为1.0mg O_3/(L·h)臭氧剂量下SCOB体系稳定期不同放大倍数的生物膜TEM图像。当臭氧剂量为0.4mg O_3/(L·h)时，细胞壁边界模糊，并存在细胞器和细胞质缺陷。这是因为细菌在TCH的胁迫作用下，细胞壁结构被破坏而导致胞内物流失或受损。当臭氧剂量提高至2.0mg O_3/(L·h)时（图4.5（g）、（h）），细胞壁完整密实，细胞质趋于完整，细胞损伤程度较轻。Meng等[10]在其研究中也发现，低剂量臭氧对细菌细胞壁影响不大。

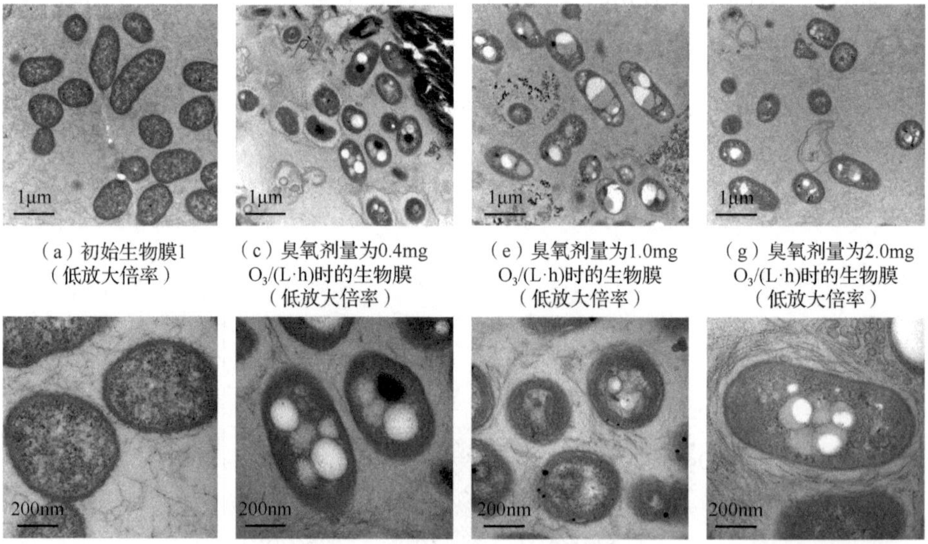

（a）初始生物膜1（低放大倍率）（c）臭氧剂量为0.4mg O_3/(L·h)时的生物膜（低放大倍率）（e）臭氧剂量为1.0mg O_3/(L·h)时的生物膜（低放大倍率）（g）臭氧剂量为2.0mg O_3/(L·h)时的生物膜（低放大倍率）

（b）初始生物膜2（高放大倍率）（d）臭氧剂量为0.4mg O_3/(L·h)时的生物膜（高放大倍率）（f）臭氧剂量为1.0mg O_3/(L·h)时的生物膜（高放大倍率）（h）臭氧剂量为2.0mg O_3/(L·h)时的生物膜（高放大倍率）

图4.5 SCOB体系中生物膜的TEM图像[1]

以上臭氧剂量对生物量（图4.4）和细胞微观结构（图4.5）的影响结果表明，臭氧剂量对SCOB体系运行的稳定性具有重要影响。SCOB体系中，适宜的臭氧剂量为 1.0～2.0mg O_3/(L·h)。此时，TCH 被臭氧氧化降解产生了一定量的可生物降解中间产物，TCH 对载体内部生物胁迫作用减弱，保证了中间产物矿化效率和臭氧活性物种攻击 TCH 的专一性。

4.3.3 毒性削减

与光催化反应类似，臭氧氧化也会产生并累积多种毒性副产物，某些副产物的毒性甚至超过污染物母体本身[11]，这在臭氧氧化降解抗生素的研究中已经被广泛报道[8, 11]。因此这些毒性副产物对受纳水体水生生态环境的影响已引起研究者的关注。

苏媛毓等[1]提出以臭氧氧化-生物降解近场耦合技术削减有机物生态毒性的策略。该研究考查了 SCOB 工艺对模拟 TCH 废水毒性的削减效果，并与单一生物降解和单一臭氧氧化产生的 TCH 降解产物毒性进行了对比分析。通过金黄色葡萄球菌的生长抑制性来检测产物毒性，采用圆形滤纸片在琼脂上产生的抑菌圈半径来表示。抑菌圈半径越大，代表毒性越大；抑菌圈半径越小，代表毒性越小[12]。具体结果如图 4.6 所示。

海绵载体吸附或单独生物降解产物形成的抑菌圈半径均为 0.56cm，与模拟 TCH 废水的抑菌圈（半径为 0.57cm）大小基本一致，这表明海绵载体对 TCH 仅具有微弱的吸附能力，且单一生物降解对 TCH 几乎无去除能力（见图 4.2）。单一臭氧氧化降解 TCH，各臭氧剂量下产物毒性均有所降低（图 4.6（b）、（c））。臭氧剂量达到 3.0mg O_3/(L·h)时出水无毒性（图 4.6（c）），值得注意的是低于此臭氧剂量时产物仍具有较显著的毒性。相同臭氧剂量下，SCOB 体系的出水毒性相较于单一臭氧氧化体系有所降低，在 2.0mg O_3/(L·h)剂量下即实现无毒性效应（图 4.6（d））。这是因为 SCOB 体系中微生物降解了臭氧氧化产生的有毒中间产物[6,13]。以上结果也与 TCH 降解、生物量变化及细胞损伤情况相吻合。SCOB 比单一臭氧氧化能更好地降低 TCH 废水毒性[14]，这一结论与光催化氧化-生物降解近场耦合技术所得结论相同。

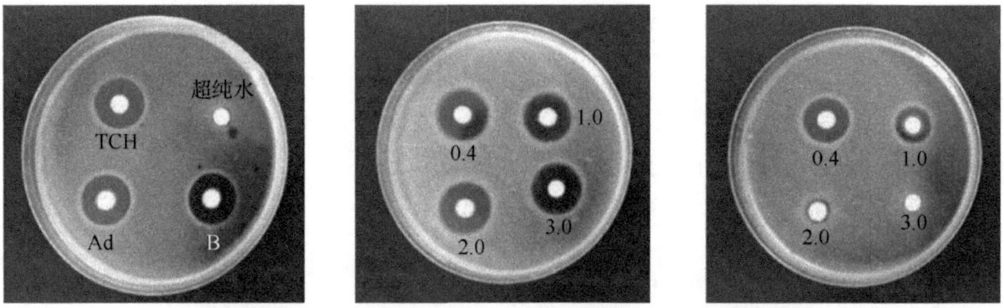

（a）海绵载体吸附与单一生物降解　（b）单一臭氧氧化0h　（c）单一臭氧氧化8h

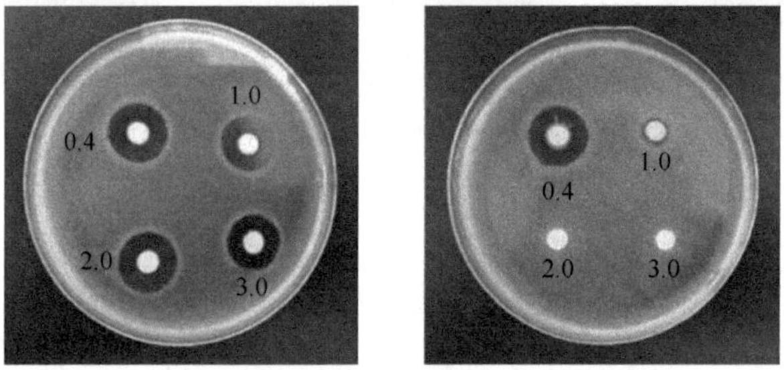

（d）SCOB体系 0h　（e）SCOB体系 8h

图 4.6　不同臭氧剂量下海绵载体吸附与单一生物降解、单一臭氧氧化、SCOB 体系出水对金黄色葡萄球菌的毒性作用[1]

Ad 表示海绵载体吸附，B 表示单一生物降解
图中数字代表臭氧剂量，单位为 mg O_3/(L·h)

上述工作首次成功建立了 SCOB 体系。在臭氧氧化和生物降解同时稳定运行的条件下，TCH 臭氧氧化的中间产物被微生物利用，加速了 TCH 的降解和解毒。当臭氧剂量为 2.0mg O_3/(L·h)时，SCOB 体系在 2h 内对 TCH 的去除率达到 97%。SCOB 的降解速率常数比单一臭氧氧化高 29%。此外，SCOB 体系出水没有抑制金黄色葡萄球菌，而单一臭氧氧化出水对其有抑制作用。与单一臭氧氧化相比，SCOB 体系具有较高的 TCH 去除率和较低的出水毒性。

4.4　臭氧氧化-生物降解近场耦合处理焦化尾水

4.4.1　焦化尾水中污染物的降解

焦化尾水包含大量的酚类、苯系物、多环芳烃、氰化物、硫化物、含氧和含硫杂环化合物以及长链烃等多种难降解物质。特别是尾水中的氰化物，不仅能引起急性中毒，短时间内还会导致水生生物死亡，对微生物也会产生毒性抑制作用。此外，酚类物质也属于典型的生物抑制性污染物，其中卤代酚是国际公认的优先控制类污染物，具有致癌、致畸、致突变的“三致”作用[15]。多环芳烃等杂环化合物则容易产生毒性积累，其中苯并[a]芘、苯并[a]蒽具有强致癌性，通过人体皮肤接触即可引起人体中毒[16, 17]。焦化尾水中这些毒性强、危害大的有机组分，导致焦化尾水处理难度大、效果差，甚至其尾水对环境仍有潜在危害。目前对焦化尾水的处理主要以生物工艺为主，经除油、蒸氨等预处理后进行生物降解和混凝处理。但经该工艺处理后的尾水仍含较高化学需氧量，残留大量酚类化合物、含氮杂环化合物、苯的衍生物、酯类、烷烃、多环芳烃等，成分复杂，可生物性差，难以达到日渐严苛的排水标准。以吉林市某焦化厂生物处理后的二沉池出水为例，主要水质指标如表 4.1 所示。

表 4.1　吉林市某焦化厂生物处理后的二沉池出水（尾水）主要水质指标

指标	范围	单位
pH	7.5～8.0	—
COD	500～600	mg/L
BOD_5	40～80	mg/L
总氮	70.8	mg/L
总酚	56.7	mg/L
Cl^-	790	mg/L
色度	600	度
固体悬浮物浓度	74	mg/L

周丹丹团队以焦化尾水为研究对象，探讨了利用 SCOB 技术处理焦化尾水的可行性[18]。图 4.7 为稳定期不同臭氧剂量下各体系焦化尾水的 COD 随时间的去除情况，以及臭氧剂量为 80mg O_3/(L·h)时 SCOB 体系降解焦化尾水色度随时间的变化情况（拟合曲线基于准一级动力学拟合，R^2>0.98）。单一生物降解作用下，焦化尾水的 COD 不仅几乎未降低，甚至在第 8h 还略有升高（图 4.7（a））。这说明焦化尾水中不仅可生化性差，且含有一定量的毒性化合物对微生物会产生抑制和

损害作用，导致衰亡微生物释放了可溶性微生物代谢产物[19]。结合图 4.7（a）～（c）可以看出，当臭氧剂量分别为 20mg O_3/(L·h)、80mg O_3/(L·h)、120mg O_3/(L·h)时，单一臭氧氧化对 COD 的去除率（降解速率常数）分别为 13.49%（0.1632h^{-1}）、24.96%（0.1990h^{-1}）、38.27%（0.3510h^{-1}）；SCOB 体系对 COD 的降解率（降解速率常数）分别为 21.43%（0.1960h^{-1}）、34.32%（0.3499h^{-1}）、36.11%（0.2909h^{-1}）。这一结果与人工模拟 TCH 废水处理结果相似，臭氧剂量仍对焦化尾水的处理起到了关键作用：80mg O_3/(L·h)的剂量既满足了为生物膜提供可生物降解中间产物的需求，也不会对生物膜产生过度胁迫，COD 降解效率提高了 9.36%，降解速率增长了 75.83%。此外，80mg O_3/(L·h)剂量下 SCOB 体系对焦化尾水的色度也有较好的去除效果，反应结束时出水已基本无色（图 4.7（d））。这是因为臭氧可以氧化大多数发色基团，如有机物的 N＝N、C＝C、C＝O 等结构[11]，从而可去除焦化尾水色度。

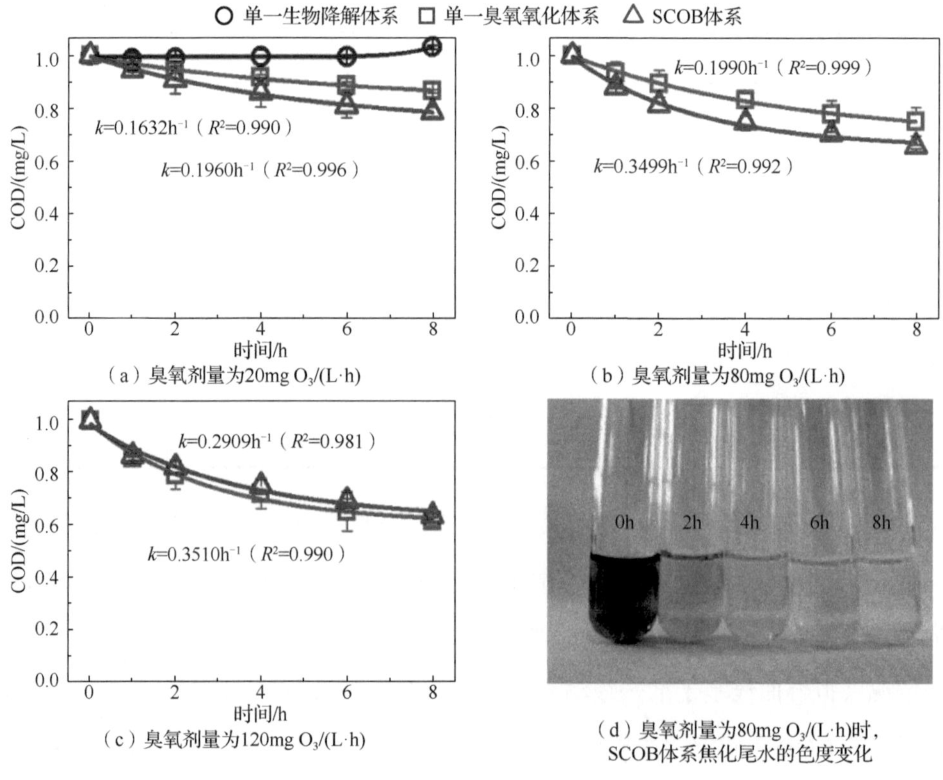

（a）臭氧剂量为20mg O_3/(L·h)

（b）臭氧剂量为80mg O_3/(L·h)

（c）臭氧剂量为120mg O_3/(L·h)

（d）臭氧剂量为80mg O_3/(L·h)时，SCOB体系焦化尾水的色度变化

图 4.7　稳定期不同臭氧剂量下各体系对焦化尾水 COD 的去除情况和色度变化[18]

SCOB 体系在降解效能和降解速率方面表现出的优势，体现了该体系中微生物对污染物降解的强化作用。微生物利用了臭氧氧化产生的易生物降解的中间产物，一方面增加了焦化尾水的矿化度，另一方面减弱了中间产物对于自由基的竞争，使得更多的自由基用于难降解污染物的氧化分解。臭氧氧化和生物降解的协同作用使得体系运行更加高效、降解速率更快[20]。然而，当臭氧剂量进一步增加至 120mg O_3/(L·h)时（图 4.7（c）），SCOB 体系的 COD 降解率和降解速率均略低于单一臭氧氧化体系。这是因为臭氧剂量过高条件下，强氧化性对 SCOB 体系中的微生物损害较大，造成了细胞结构破坏以及蛋白质、脂质等的释放，导致了 COD 的部分增长。

焦化尾水中酚类污染物占有机物总量的 70%～80%，且酚类对生物危害很大，能够使细胞失活、蛋白质凝固，引起神经系统疾病等。在焦化尾水处理中，酚类污染物的去除可以反映尾水毒性削减的程度。单一生物体系、单一臭氧氧化体系和 SCOB 体系处理焦化尾水时总酚的去除情况如图 4.8 所示。相比于单一臭氧氧化体系，20mg O_3/(L·h)与 80mg O_3/(L·h)两个臭氧剂量下，SCOB 体系均表现出更快的降解速率，总酚去除率分别增长了 68.8%和 2.2%。而当臭氧剂量为 120mg O_3/(L·h)时，SCOB 体系的总酚降解速率常数为 0.5763h^{-1}，较单一臭氧氧化的 0.6160h^{-1} 下降了 6.4%。在 SCOB 体系中，通入一定剂量臭氧后，臭氧及其链式反应产生的•OH 等自由基将酚类物质快速氧化为易于生物降解的中间产物，而且臭氧剂量越高，酚类物质可以越多越快得被氧化，同时降低酚类物质对微生物的毒性抑制性。体系中的微生物迅速利用这部分中间产物，使得更多的臭氧和自由基被用于酚类物质降解，从而减弱了中间产物对氧化剂的竞争，加快了反应速率。

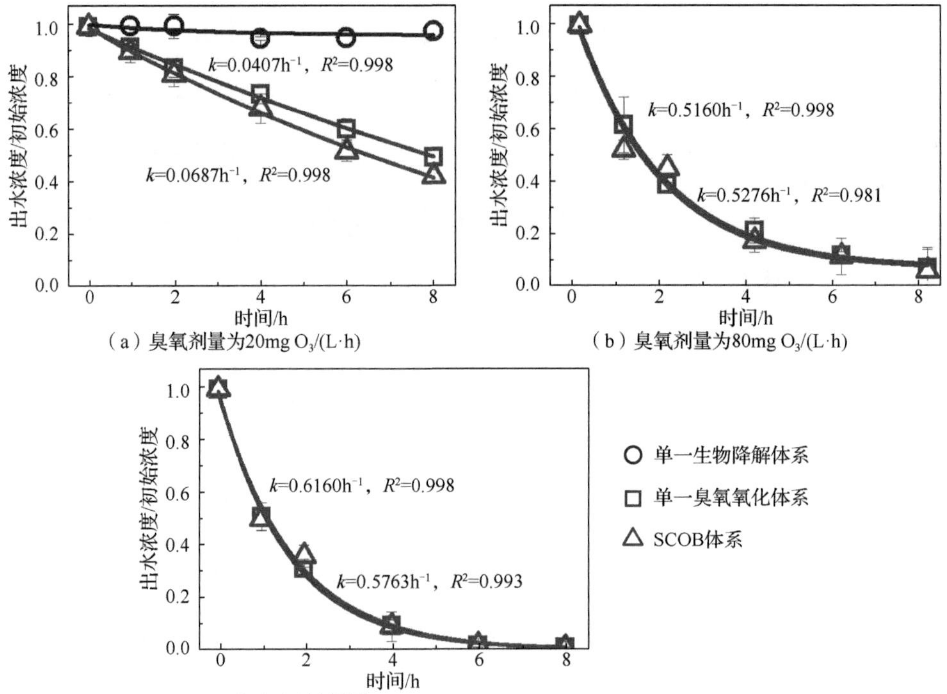

（a）臭氧剂量为20mg O_3/(L·h)　（b）臭氧剂量为80mg O_3/(L·h)

（c）臭氧剂量为120mg O_3/(L·h)

图 4.8　不同臭氧剂量下各体系对焦化尾水总酚的去除情况[21]

4.4.2　臭氧剂量对体系稳定性的影响

采用透射电镜对微生物在 SCOB 体系中的存活状态进行观察，对反应前微生物、单一生物降解体系和各臭氧剂量下 SCOB 体系降解焦化尾水过程中的微生物形态、细胞壁结构等特征进行探究。图 4.9（a）、（b）展现了负载生物膜的海绵载体投入 SCOB 体系反应前原始微生物的细胞状况：细胞结构完整，细胞壁界限清晰，且细胞内部均匀，表明此时的微生物健康存活，状态良好。图 4.9（c）、（d）为单一生物降解体系中参与反应的微生物 TEM 图。从图片中可以看到，与原始状态微生物相比，细胞结构依然相对完整，但细胞壁边界已经模糊，表明细胞受到轻微损伤，这是由焦化尾水的毒性导致的。图 4.9 中（e）、（f），（g）、（h）和（i）、（j）分别为 20mg O_3/(L·h)、80mg O_3/(L·h)和 120mg O_3/(L·h)臭氧剂量下 SCOB 稳定期的微生物状况。臭氧剂量为 20mg O_3/(L·h)时，部分细胞完整，部分细胞壁边界模糊，细胞内部有空洞，表明部分细胞被破坏，细胞壁受到损伤，细胞溶解性物质流出。当臭氧剂量为 80mg O_3/(L·h)时，微生物的细胞壁仍然较为模糊，但细胞总体结构依然较为完整。而当臭氧剂量为 120mg O_3/(L·h)时，微生物细胞被严重破坏，甚至瓦解，生物降解功能严重减弱，这也呼应了 SCOB 体系 COD 降解率低于单一臭氧氧化体系的结果。

对比各体系微生物细胞的损伤情况，满足微生物细胞存活状态最好，细胞结构较为完整的臭氧剂量，也是 SCOB 体系总酚降解程度较高的最小臭氧剂量。由此可见，在 SCOB 体系中，使用的臭氧剂量能迅速降解有毒污染物且不会导致微生物损害是体系成功稳定运行的关键。

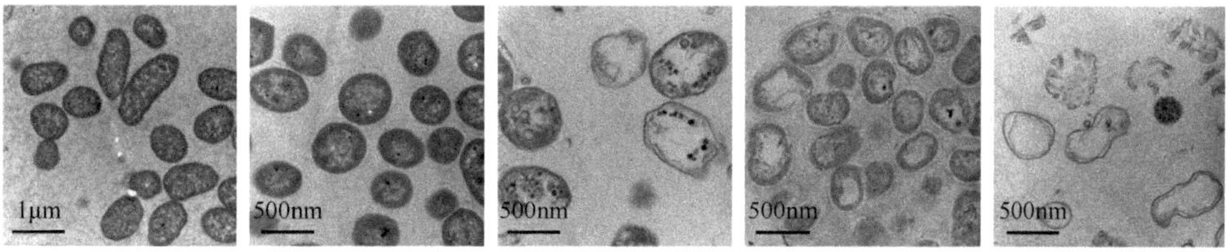

（a）反应前的微生物细胞1　（b）反应前的微生物细胞2　（c）单一生物降解体系中的微生物细胞1　（d）单一生物降解体系中的微生物细胞2　（e）SCOB体系中的微生物细胞1[臭氧剂量为20mg O_3/(L·h)]

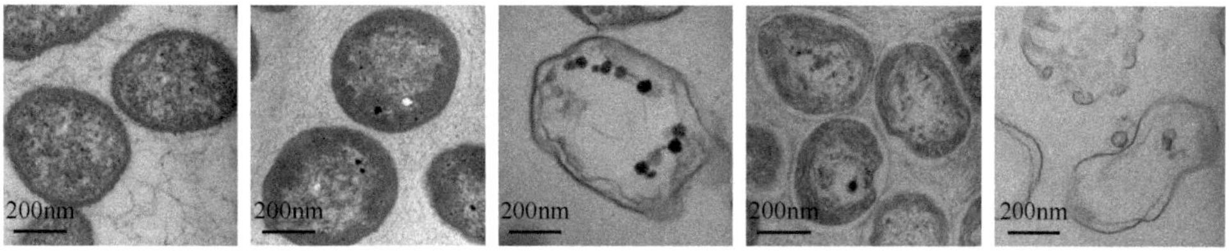

（f）SCOB体系中的微生物细胞2[臭氧剂量为20mg O_3/(L·h)]　（g）SCOB体系中的微生物细胞1[臭氧剂量为80mg O_3/(L·h)]　（h）SCOB体系中的微生物细胞2[臭氧剂量为80mg O_3/(L·h)]　（i）SCOB体系中的微生物细胞1[臭氧剂量为120mg O_3/(L·h)]　（j）SCOB体系中的微生物细胞2[臭氧剂量为120mg O_3/(L·h)]

图 4.9　不同体系降解焦化尾水稳定期的微生物 TEM 图[21]

4.4.3　毒性削减

与 TCH 废水处理相同，焦化尾水经过单独臭氧氧化后，出水中仍有大量的毒性中间产物。SCOB 体系对焦化尾水处理后的出水毒性具有削减功能。研究中以青海弧菌 Q67（一种发光细菌，常用于环境急性毒性试验）为指示物种，根据水样对该菌的发光抑制性来表示出水毒性大小，用抑制率表示。抑制率越大，水样毒性越大；抑制率越小，水样毒性越小[19, 21]。对单一生物降解体系、不同臭氧剂量下（20mg O_3/(L·h)、80mg O_3/(L·h)、120mg O_3/(L·h)）单一臭氧氧化体系和 SCOB 体系各个反应时间（0h、2h、4h、8h）的出水进行生物毒性分析，结果如图 4.10 所示。

图 4.10（a）表明，在单一生物降解体系降解焦化尾水的过程中，前 4h 青海弧菌 Q67 的发光抑制率无太大变化，表明生物降解并不能降低焦化尾水毒性。这与 COD 的变化趋势一致，进一步证明了焦化尾水不能被生物降解。各剂量下的单一臭氧氧化体系处理焦化尾水时，出水毒性均不同程度地随时间增加而增加，且臭氧剂量越高，8h 出水的毒性越高，发光抑制率分别达到了 54.49%（20mg O_3/(L·h)）、94.03%（80mg O_3/(L·h)）、99.99%（120mg O_3/(L·h)）。其他文献中也发现了类似的结果，这是因为臭氧氧化使毒性副产物积累。马跃[22]在研究•OH 降解生物处理焦化尾水时，发现•OH 降解苯并[a]芘会产生毒性副产物，其对微生物的毒性甚至大于母体化合物。Wu、Stalter 等也在臭氧处理废水后发现出水急性毒性增加的现象[23, 24]。

臭氧剂量为 20mg O_3/(L·h)时（图 4.10（b）），经 SCOB 体系处理，焦化尾水也表现出毒性随时间增加而增加的趋势。当臭氧剂量为 80mg O_3/(L·h)和 120mg O_3/(L·h)时（图 4.10（c）、（d）），SCOB 体系可逐渐降低出水毒性，8h 的出水中青海弧菌 Q67 发光抑制率分别为 28.05%和 26.67%。产生该毒性变化的原因是：20mg O_3/(L·h)的臭氧剂量仍然较低，微生物仍然在毒性环境中，却没有足够的易降解的中间产物作为营养物质，在此恶劣环境中微生物会大量死亡；80mg O_3/(L·h)的臭氧剂量提供了足够的臭氧及活性氧自由基用于氧化难降解污染物，能在很大程度上提高废水的可生化性[11]，促成了 SCOB 体系的稳定运行，在微生物作用下实现氧化毒性副产物的降解，从而降低出水整体毒性[6]。120mg O_3/(L·h)臭氧剂量下，虽然生物量降低，但是残存微生物可能仍然满足了毒性削减的功能需求。

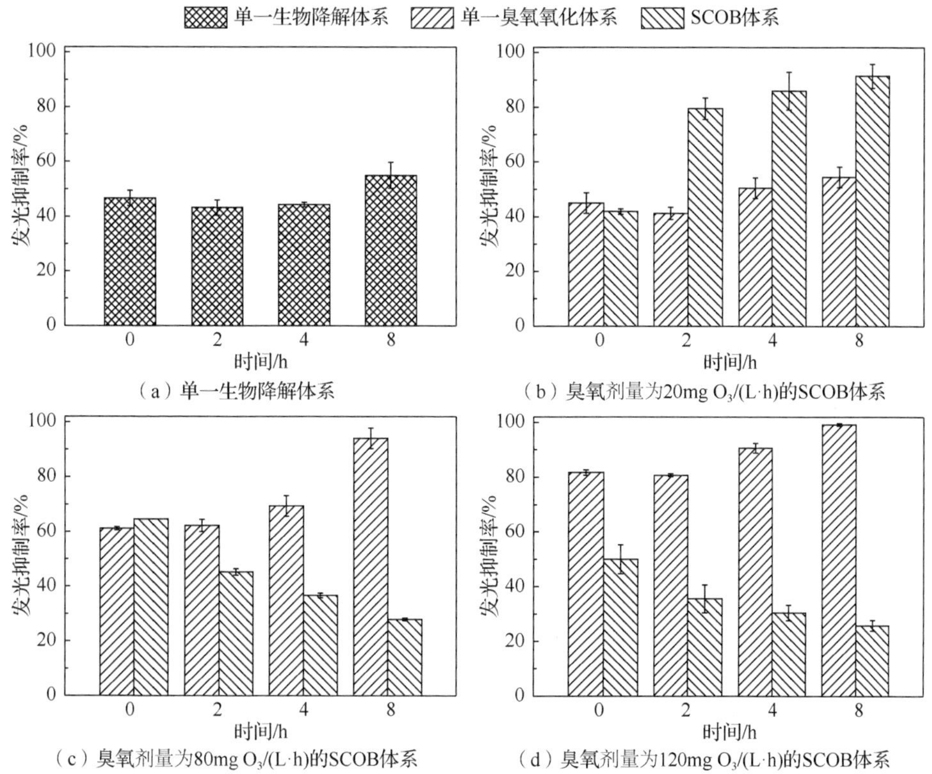

（a）单一生物降解体系
（b）臭氧剂量为20mg O_3/(L·h)的SCOB体系
（c）臭氧剂量为80mg O_3/(L·h)的SCOB体系
（d）臭氧剂量为120mg O_3/(L·h)的SCOB体系

图 4.10　焦化尾水降解各阶段青海弧菌 Q67 的发光抑制率[21]

综上所述，SCOB 体系降解 TCH 废水和焦化尾水时，相较于单一生物降解，SCOB 体系中微生物的存活状态更好，生物量稳定。在适宜的臭氧剂量下，相比于单一生物降解体系和单一臭氧氧化体系，SCOB 体系在降解污染物和降低产物毒性方面表现出显著优势。SCOB 体系中臭氧氧化与生物降解之间存在协同作用机制，能够有效减轻工业废水污染并降低出水毒性，为高级氧化-生物降解近场耦合技术的实际应用奠定理论基础。

参 考 文 献

[1] SU Y Y, WANG X S, DONG S S, et al. Towards a simultaneous combination of ozonation and biodegradation for enhancing tetracycline decomposition and toxicity elimination[J]. Bioresource Technology, 2020, 304:123009.

[2] WANG Y, ZHANG H, ZHANG J H, et al. Degradation of tetracycline in aqueous media by ozonation in an internal loop-lift reactor[J]. Journal of Hazardous Materials, 2011, 192(1): 35-43.

[3] KWON M, KYE H, JUNG Y, et al. Performance characterization and kinetic modeling of ozonation using a new method: R_{OH,O_3} concept[J]. Water Research, 2017, 122:172-182.

[4] XIONG H F, ZOU D L, ZHOU D D, et al. Enhancing degradation and mineralization of tetracycline using intimately coupled photocatalysis and biodegradation (ICPB)[J]. Chemical Engineering Journal, 2017, 316:7-14.

[5] URBANO V R, MANIERO M G, PÉREZ-MOYA M, et al. Influence of pH and ozone dose on sulfaquinoxaline ozonation[J]. Journal of Environmental Management, 2017, 195(Part 2):224-231.

[6] SONG T, LI S, JIN J, et al. Enhanced hydrolyzed polyacrylamide removal from water by an aerobic biofilm reactor-ozone reactor-aerobic biofilm reactor hybrid treatment system: performance, key enzymes and functional microorganisms[J]. Bioresource Technology, 2019, 291:121811.

[7] RITTMANN B E. Biofilms, active substrata, and me[J]. Water Research, 2018, 132:135-145.

[8] ZHI D, WANG J B, ZHOU Y Y, et al. Development of ozonation and reactive electrochemical membrane coupled process: enhanced tetracycline mineralization and toxicity reduction[J]. Chemical Engineering Journal, 2020, 383:123-149.

[9] LU J, SUN J X, CHEN X X, et al. Efficient mineralization of aqueous antibiotics by simultaneous catalytic ozonation and photocatalysis using $MgMnO_3$ as a bifunctional catalyst[J]. Chemical Engineering Journal, 2018, 358:48-57.

[10] MENG X R, LIU D F, YANG K B, et al. A full scale anaerobic-anoxic-aerobic process coupled with low-dose ozonation for performance improvement[J]. Bioresource Technology, 2013, 146:240-246.

[11] ZHANG S H, ZHENG J, CHEN Z Q. Combination of ozonation and biological aerated filter (BAF) for bio-treated coking wastewater[J]. Separation and Purification Technology, 2014, 132:610-615.

[12] BODA S, BRODA J, SCHIEFER F, et al. Cytotoxicity of ultrasmall gold nanoparticles on planktonic and biofilm encapsulated gram-positive *Staphylococci*[J]. Small (Weinheim an der Bergstrasse, Germany), 2015, 11(26):3183-3193.

[13] WILT A, VAN GIJN K, VERHOEK T, et al. Enhanced pharmaceutical removal from water in a three step bio-ozone-bio process[J]. Water Research, 2018, 138:97-105.

[14] MA Y, XIONG H F, ZHAO Z Q, et al. Model-based evaluation of tetracycline hydrochloride removal and mineralization in an intimately coupled photocatalysis and biodegradation reactor[J]. Chemical Engineering Journal, 2018, 351:967-975.

[15] MELO J S, KHOLI S, PATWARDHAN A W, et al. Effect of oxygen transfer limitations in phenol biodegradation[J]. Process Biochemistry, 2005, 40(2): 625-628.

[16] WU H Z, WANG M, ZHU S, et al. Structure and function of microbial community associated with phenol co-substrate in degradation of benzo[a]pyrene in coking wastewater[J]. Chemosphere, 2019, 228:128-138.

[17] ZHANG M, TAY J H, QIAN Y, et al. Coke plant wastewater treatment by fixed biofilm system for COD and NH_3-N removal [J]. Water research, 1998, 32:519-527.

[18] 苏媛毓. 臭氧氧化与生物降解近场耦合处理典型工业废水的行为与机制[D]. 长春：吉林大学, 2020.

[19] ZHOU Z Q, YU T, DONG H L, et al. Chemical oxygen demand (COD) removal from bio-treated coking wastewater by hydroxyl radicals produced from a reduced clay mineral[J]. Applied Clay Science, 2019, 180:105199.

[20] WANG J B, JI Y X, ZHANG F Y, et al. Treatment of coking wastewater using oxic-anoxic-oxic process followed by coagulation and ozonation[J]. Carbon Resources Conversion, 2019, 2(2):151-156.

[21] MA X Y, NGO H, GUO W S, et al. Reverse osmosis pretreatment method for toxicity assessment of domestic wastewater using *Vibrio qinghaiensis* sp.-Q67[J]. Ecotoxicology and Environmental Safety, 2013, 97:248-254.

[22] 马跃. 光催化与生物降解直接耦合降解四环素废水的反应动力学模型研[D]. 长春：吉林大学, 2018.

[23] WU Z Y, LIU Y, WANG S Y, et al. A novel integrated system of three-dimensional electrochemical reactors (3DERs) and three-dimensional biofilm electrode reactors (3DBERs) for coking wastewater treatment[J]. Bioresource Technology, 2019, 284:222-230.

[24] STALTER D, MAGDEBURG A, OEHLMANN J. Comparative toxicity assessment of ozone and activated carbon treated sewage effluents using an in vivo test battery[J]. Water Research, 2010, 44:2610-2620.

第 5 章

共基质强化高级氧化与生物降解近场耦合反应

如前文所述，生物降解对 ICPB 体系矿化有机物和有机物毒性削减起到了关键的作用。然而，ICPB 体系处理氯酚、阿莫西林和盐酸四环素等污染物时，尽管有多孔载体表面的高级氧化反应作为保护屏障，孔隙内部的微生物仍不可避免地受到这些高毒性有机物的胁迫。探寻一种提高微生物耐毒性的策略是提高 ICPB 体系处理高毒性有机物效率的潜在途径。熊厚锋等[1]率先提出了采用共基质强化策略，提高 ICPB 体系中的生物活性和污染物降解效率。研究发现共基质能够①为微生物提供碳源、能量与电子供体，并能够改变微生物的群落结构；②提高微生物的毒性抵抗能力、活性与存活率；③诱导微生物产生关键酶与辅因子。因此，毒性难降解有机物的降解率与矿化效率得到显著提高[1-3]。本章系统地对比了共基质强化策略对毒性污染物降解和微生物代谢的关键作用，深入探讨了共基质强化策略的作用机制。

5.1 共基质强化毒性污染物降解机制

微生物降解有机污染物分为直接代谢与共代谢两种模式。生物抑制性有机物与易降解有机质协同降解是共代谢的一种常见形式。这些易降解底物可以为微生物补充碳源、提供能量，增强微生物对有毒物质的抵抗能力。它们还可同时为毒性有机物降解提供电子供体，促进其毒性削减与彻底矿化。目前，能够确定的是，在环境胁迫作用下，易降解基质能够诱导微生物产生关键降解酶与辅因子，调节微生物群落结构，甚至会提高微生物对抗生素的抗性表达。因此，共基质强化策略不仅对难降解有机污染物的去除具有显著优势，甚至可将其完全矿化。

目前，在实验室常采用的易降解基质包括醋酸盐、草酸、苯酚等多种物质。由于乙酸盐是微生物代谢的近末端产物而成为应用最为普遍的易降解基质。研究表明 ICPB 体系中添加醋酸钠作为共基质，TCH 的降解率和矿化率分别提高了 5%

和 20%[1]；醋酸钠作为共基质可以诱导微生物产生单加氧酶和 N-脱乙基酶，使得环丙沙星降解率提高了 3 倍[4]；醋酸钠作为共基质促使微生物外排泵蛋白、盘尼西林结合蛋白、β-内酰胺水解酶代谢路径等基因转录上调，肽聚糖合成抑制路径转录下调，提高了微生物的毒性抵抗能力，微生物生物量可提高 170%，阿莫西林降解率提高 60%[3]。此外，草酸作为共基质可以为喹啉降解提供电子供体，驱动初步单加氧降解效率，促进中间产物产生与后续氧化降解，使喹啉去除率可提高 20%～50%[5]。苯酚也可以作为共基质，在处理卤代芳香族化合物时应用较为普遍。比如，苯酚能够促使非生长基质双酚 A 降解，降解率可提高 30%～50%[6]。

5.2　共基质强化抗生素的生物降解

熊厚锋等[1]考察了醋酸钠作为共基质对 ICPB 体系中 TCH 降解效率、降解途径的作用，对比分析了有无外加醋酸钠时生物群落结构及生物反馈机制，解析了共基质强化 ICPB 体系降解 TCH 的作用机制。

5.2.1　抗生素降解

在负载 Ag/TiO_2-生物膜的 ICPB 体系中，醋酸钠作为共基质对 30mg/L 和 60mg/L TCH 废水降解效果的影响，如图 5.1 所示。醋酸钠并未对光催化降解 TCH 的效率产生显著影响，这表明醋酸钠并未明显掩蔽 Ag/TiO_2 所产生的活性物种。在 ICPB 体系中，255mg/L 的外源醋酸钠使 30mg/L TCH 降解率提高了 7%，可达到约 98% 。同时，降解速率常数从 $0.22h^{-1}$ 提高到 $0.36h^{-1}$，表明 TCH 降解速率加快。TCH 浓度为 60mg/L 时醋酸钠的共代谢行为同上，此处不再赘述。

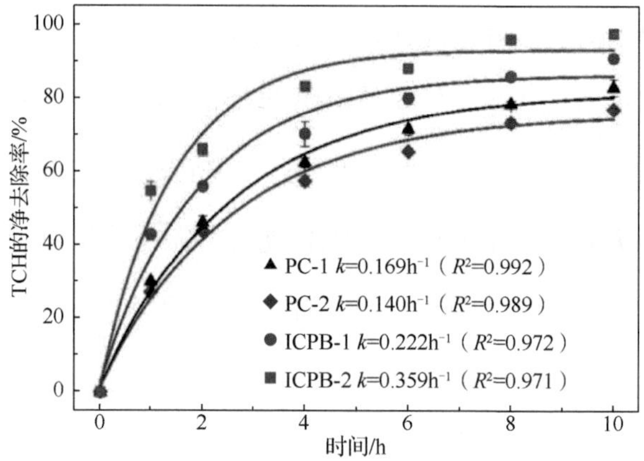

（a）TCH初始浓度为30mg/L

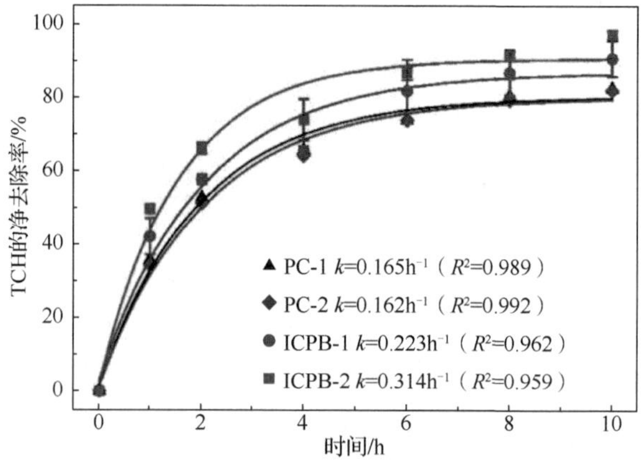

（b）TCH初始浓度为60mg/L

图 5.1　ICPB 体系中醋酸钠作为外加共基质对 TCH 废水降解效果的影响[1]

PC-1 表示无醋酸钠添加的光氧化，PC-2 表示添加醋酸钠的光氧化，ICPB-1 表示无醋酸钠添加的 ICPB 体系，ICPB-2 表示添加醋酸钠的 ICPB 体系，盐酸四环素与醋酸钠的质量比为 30∶255

采用溶解性化学需氧量（SCOD）这一指标进一步分析共基质对 ICPB 体系 30mg/L 和 60mg/L 盐酸四环素的影响，如图 5.2 所示。与无共基质的 ICPB 体系相比，添加醋酸钠使 SCOD 的去除率提高了 53.7%～58.3%。虽然 SCOD 去除率大幅提高与微生物对醋酸钠的利用存在一定关系（醋酸钠添加后导致了初始 SCOD 升高），但使第 10h 添加醋酸钠的 ICPB 体系中 SCOD 更低，与未添加醋酸钠相比分别降低了 42%和 81%。该结果表明，醋酸钠作为共基质为微生物提供碳源和能源[5, 7, 8]，因其强化了生物降解 TCH 的光催化降解中间产物的作用，提高了 ICPB 体系的 TCH 矿化效率。

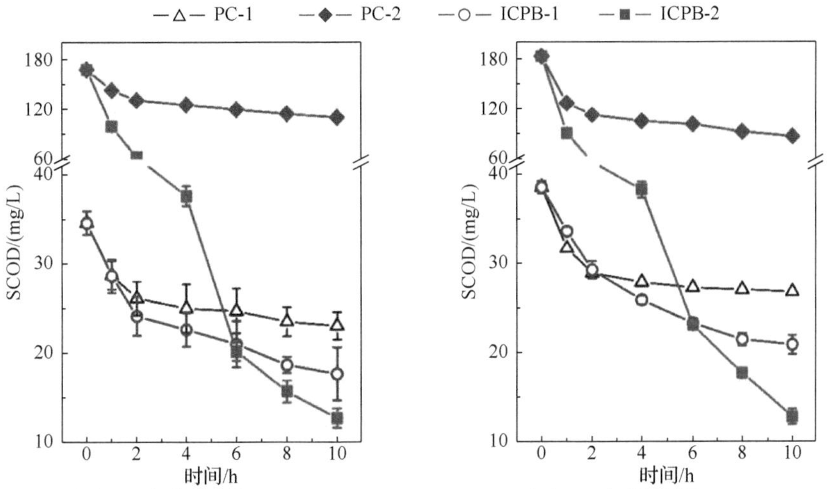

（a）TCH初始浓度为30mg/L　（b）TCH初始浓度为60mg/L

图 5.2　ICPB 体系中醋酸钠作为外加共基质对 SCOD 的影响[1]

5.2.2　微生物活性与作用

生物降解在 ICPB 体系中发挥至关重要的作用，而生物量和生物活性直接决定了难降解有机污染物的降解效率和矿化程度。利用扫描电镜、活死菌比例、微生物群落结构等信息，可以分析共基质对 ICPB 体系微生物行为的影响[1]。

TCH 废水进入 ICPB 体系之前，生物膜中微生物排列紧密，细胞形态饱满，如图 5.3（a）、（b）所示。ICPB 体系中的催化剂被光照激发后，无论有无共基质添加，载体内部的生物膜无脱落（图 5.3（c）、（d））；而无论有无醋酸钠的添加都导致载体表面的生物膜完全脱落，暴露出大部分催化剂（图 5.3（e）、（f）），这完全符合 ICPB 反应原理。值得注意的是，添加醋酸钠后，载体内部的生物细胞平均尺寸为 1.24μm，基本上与反应前细胞大小（1.31μm）一致。未添加醋酸钠的载体内部细胞明显增大，平均尺寸达到 1.94μm。这是因为生物膜处于环境胁迫条件时，细胞尺寸会发生改变，细胞变大是应对不利环境的一种反应。可见，醋酸钠使微生物更好地“抵抗”TCH 的抗性作用，细胞形貌与初始条件基本一致。

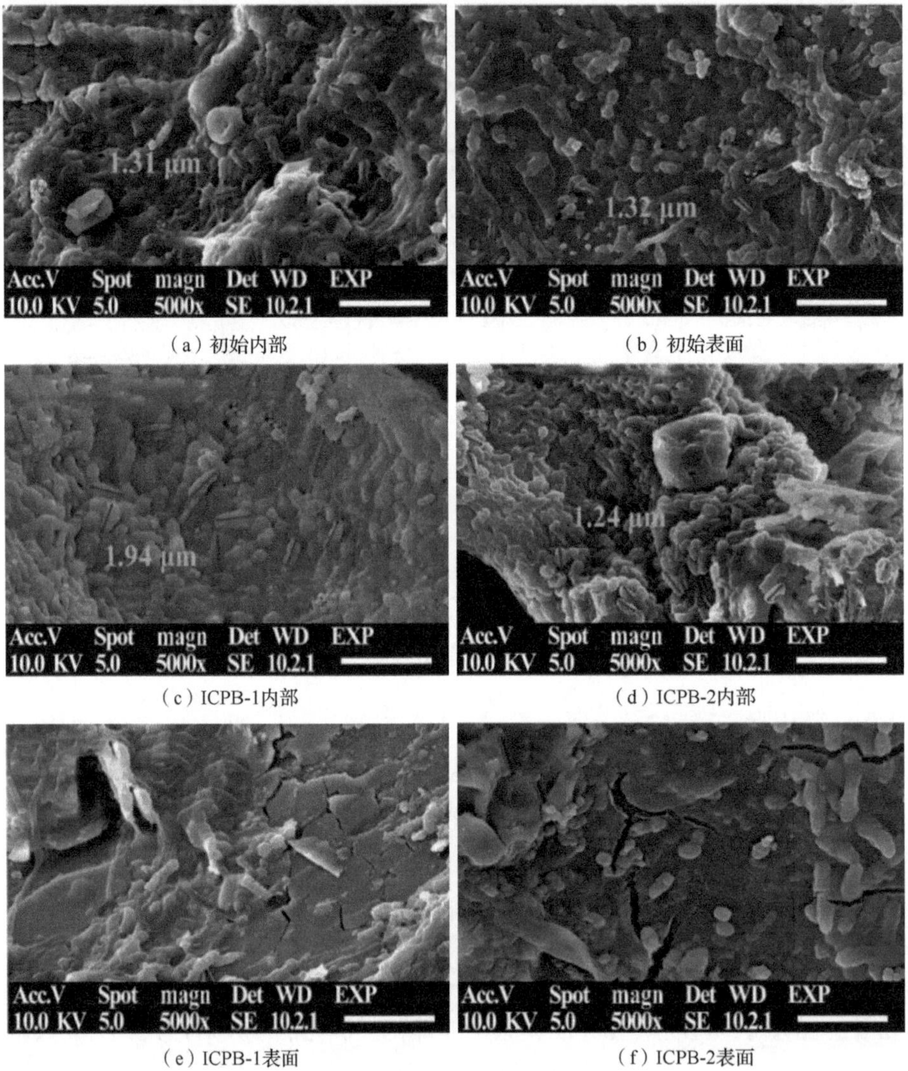

（a）初始内部　（b）初始表面

（c）ICPB-1内部　（d）ICPB-2内部

（e）ICPB-1表面　（f）ICPB-2表面

图 5.3　ICPB 体系载体内部与表面的微生物细胞形貌[1]（扫封底二维码查看彩图）

醋酸钠作为单一碳源，微生物可以保持较高的活菌比例，培养的生物膜中活菌和死菌的比例为 90%∶10%（图 5.4）。ICPB 降解 TCH 反应后，活菌比例降低至 56%。可见，由于 TCH 的生物毒性作用，34%的微生物在 TCH 降解过程中衰亡。添加共基质的 ICPB 体系中，生物膜的活菌比例增加了 30%，可达到 86%，与初始微生物的活菌水平相当。这说明 ICPB 体系共基质策略不仅维系了生物量的稳定，还减轻了 TCH 对生物的毒害作用。进而，采用脱氢酶这一指标验证共基质对提高生物活性的积极作用。

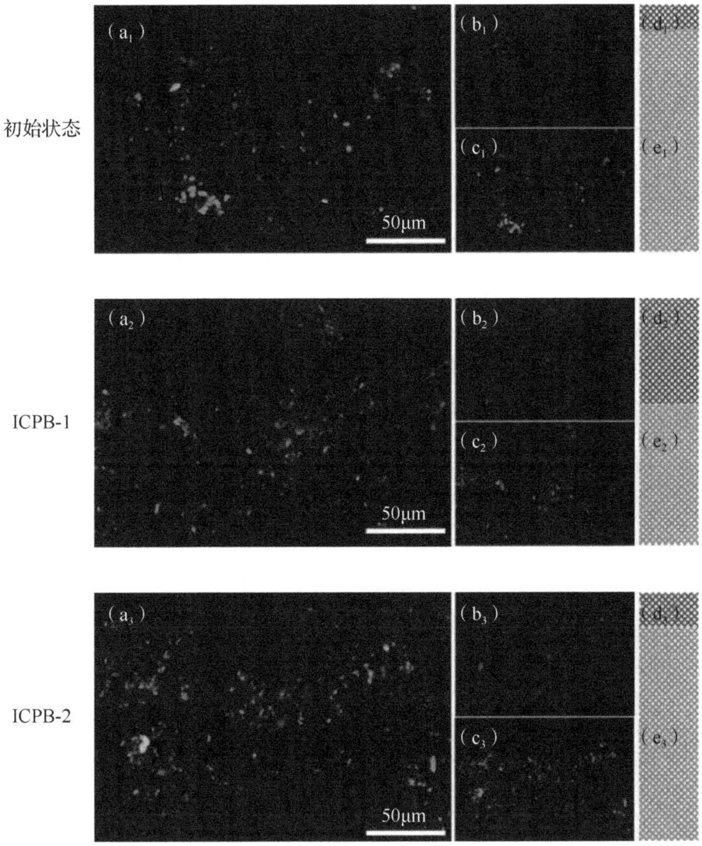

图 5.4 活死菌荧光染色共聚焦扫描图[1]（扫封底二维码查看彩图）

（a_i）活死菌叠加图像，（b_i）单独死菌图像，（c_i）单独活菌图像，（d_i）死菌占比，（e_i）活菌占比，i=1,2,3

脱氢酶是微生物细胞内的一种氧化还原酶，在有机物氧化过程中，脱氢酶是代谢反应的主要酶，参与了糖酵解、丙酮酸氧化、戊糖磷酸途径、氨基酸的合成与降解、氧化磷酸化、脂肪的合成与氧化等多种生物反应过程。综上，脱氢酶是微生物降解有机物获取能量的关键酶，因此其浓度常被用来表征生物活性及降解能力[9,10]。在 ICPB 体系处理 TCH 废水前，单位质量的生物膜脱氢酶活性

（dehydrogenases activity, DHA）为 0.082mg TF/mg 生物质（图 5.5）。处理 30mg/L 或 60mg/L TCH 后 ICPB 体系中生物膜 DHA 均有所下降，其下降幅度与 TCH 初始浓度呈正相关关系。这进一步说明高毒性有机污染物是导致 ICPB 体系中生物活性下降的重要因素。但是，添加醋酸钠后生物膜的 DHA 明显高于无醋酸钠的 ICPB 体系。以 TCH 初始浓度为 60mg/L 的体系为例，在反应 10h 后 DHA 提高了 2 倍，这表明共基质具有提高 ICPB 体系微生物活性的作用。

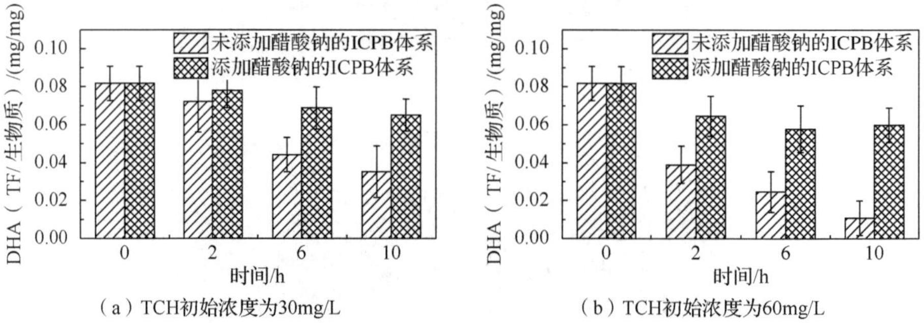

图 5.5　ICPB 体系有无共基质条件下微生物的脱氢酶活性

实际上，醋酸钠不仅提高了 ICPB 体系中微生物的活性，还调节并优化了微生物群落结构。图 5.6 为 ICPB-1（无醋酸钠）和 ICPB-2（有醋酸钠）反应前后载体上生物膜群落结构的变化情况。无论是否添加醋酸钠，ICPB 降解 TCH 过程中帕氏食氢菌属（*Hydrogenophaga*）和丛毛单胞菌属（*Comamonas*）相对丰度均有明显下降，而含有 TCH 抗性基因的古字状菌属（*Runella*）[11]和对芳香烃类污染物具有很强降解能力的假单胞菌属（*Pseudomonas*）相对丰度增加[12]。Taşkan 等[13]发现食酸菌属（*Acidovorax*）对高浓度的 TCH 具有很好的耐受能力，体系中由于醋酸钠的添加提高了 TCH 降解速率（图 5.1），所以无醋酸钠添加的 ICPB 体系中 TCH 浓度更高，促进了食酸菌属的富集。外加醋酸钠后，生物群落结构演替并富集了陶厄氏菌属（*Thauera*）、假单胞菌属、古字状菌属等与 TCH 或其中间产物降解有关的菌属，强化了 TCH 光催化降解中间产物的降解。以上结果表明，ICPB 体系中光催化降解菌和 TCH 中间产物降解菌的丰度增加，微生物对 TCH 的矿化功能得到逐步强化。

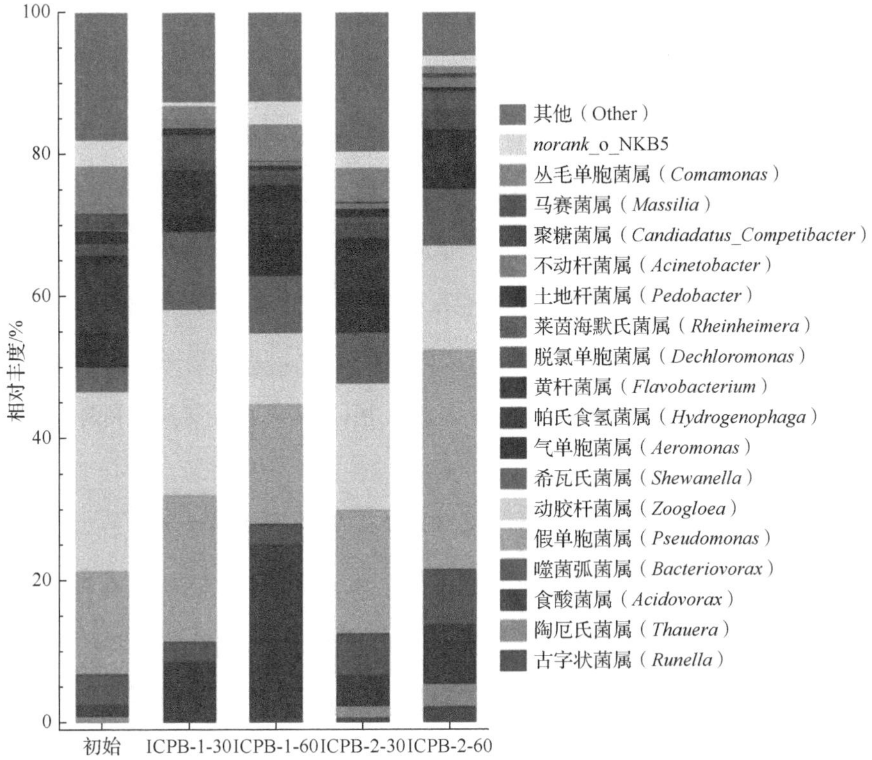

图 5.6　ICPB 体系微生物群落结构[1]（扫封底二维码查看彩图）

1 表示体系中无醋酸钠，2 表示体系中有醋酸钠；30 表示 TCH 浓度为 30mg/L，60 表示 TCH 浓度为 60mg/L

5.3　共基质强化氯酚的生物降解

不仅污染物本身会对 ICPB 体系中的微生物产生胁迫作用，无法瞬时猝灭的高级氧化过程产生的活性物种也会对微生物产生胁迫作用。以活性物种 H_2O_2 为例[2, 14]，由于其在纯水中的半衰期长达几天，具备了向载体空隙中生物膜内部传质的可能性，对微生物具有潜在的损伤作用。比如，在 H_2O_2 胁迫下，ICPB 体系中细胞体积增大、细胞器溶解，活细胞比例明显下降。Zhao 等[2]通过添加醋酸钠作为共基质，解决了 ICPB 体系 H_2O_2 胁迫导致的微生物失活问题，并且增强了体系对 4-氯酚的降解和矿化作用。

5.3.1 氯酚降解

Zhao 等[2]制备了两种可见光催化剂 N-TiO_2 和 Ag-TiO_2，Ag-TiO_2 产生的主要活性物种为 H_2O_2，而 N-TiO_2 几乎不产生 H_2O_2，其主导的活性物种为$\cdot O_2^-$。分别采用上述两种催化剂构建 ICPB 体系，分析共基质对 H_2O_2 胁迫微生物的作用。以下将 N-TiO_2 和 Ag-TiO_2 构建的 ICPB 体系分别记为 ICPB-N 体系和 ICPB-Ag 体系。

共基质的添加提高了 ICPB 体系的微生物存活率，进而提高了 4-氯酚的降解率和矿化率。添加醋酸钠后，ICPB-N 率和 ICPB-Ag 率的 4-氯酚去除率分别提高了 13%和 27%（图 5.7（a））。醋酸钠的添加促使微生物保持较高的代谢活性，有利于细胞产生功能更强的酶[15, 16]，提高了与目标污染物降解相关的脱氢酶和单加氧酶活性[4, 17]。共基质的添加增强了微生物对 4-氯酚的矿化作用，如图 5.7（b）所示。假设醋酸钠被完全氧化，醋酸钠的添加促使 ICPB-N 体系和 ICPB-Ag 体系的 4-氯酚去除率分别提高了 10%和 23%。与没有添加醋酸钠的 ICPB 体系相比，添加醋酸钠后 VPCB 对 TCH 的净降解效率从 90%提高到了 95%，降解速率常数分别从 $0.22h^{-1}$、$0.22h^{-1}$ 提高到 $0.36h^{-1}$、$0.31h^{-1}$；出水 COD 分别降低了 5.2mg/L 和 16.1mg/L。这一结果更加证实了共基质强化微生物对光催化降解产物的进一步降解和矿化作用。

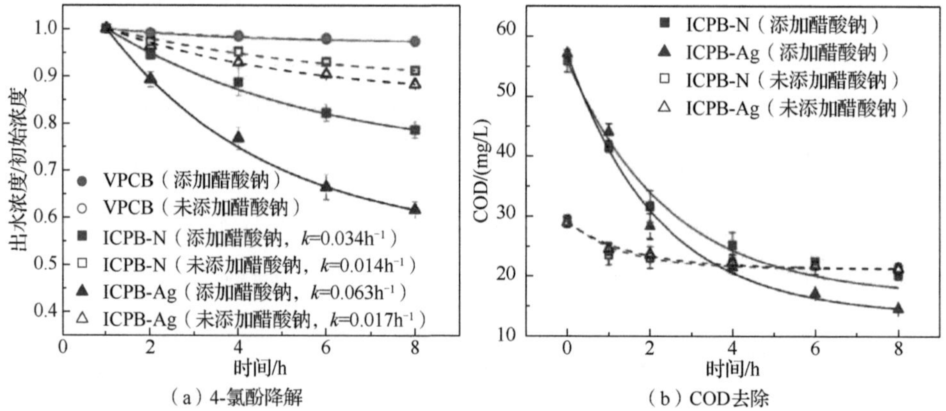

图 5.7　共基质强化 4-氯酚降解及 COD 去除[2]

5.3.2　微生物活性与作用

添加醋酸钠后，ICPB-N 体系和 ICPB-Ag 体系活细胞百分比分别为 79.9%和 70.2%，与未添加共基质的对照组相比分别增加了 13.3%和 19.6%。醋酸钠的添加可能提高了细胞代谢对底物的利用率[5, 18, 19]。因此，添加共基质可提高 H_2O_2 胁迫下微生物的存活率。

通过透射电镜进一步观察比较微生物细胞的亚显微结构，如图 5.8 所示。ICPB-Ag 体系 H_2O_2 的浓度最高，未添加醋酸钠时的细菌变化最大，细胞尺寸增加 1 倍、细胞膜受损，表现出典型的中毒特征[15, 20, 21]。H_2O_2 能进入细胞氧化溶解细胞器，导致细胞器受损甚至消失[22, 23]。醋酸钠作为一种易降解有机物，可作为微生物生长的碳源，促进细胞合成，由此醋酸钠的添加减弱了其他电子供体的竞争，促进了微生物呼吸作用，加速 4-氯酚降解[18]。因此，添加醋酸钠的 ICPB 体系中，生物膜细胞结构完整，与初始条件相比细胞形态无明显变化。透射电镜结果再次证实，在 H_2O_2 胁迫下，共基质促使细菌保持更好的生存状态。

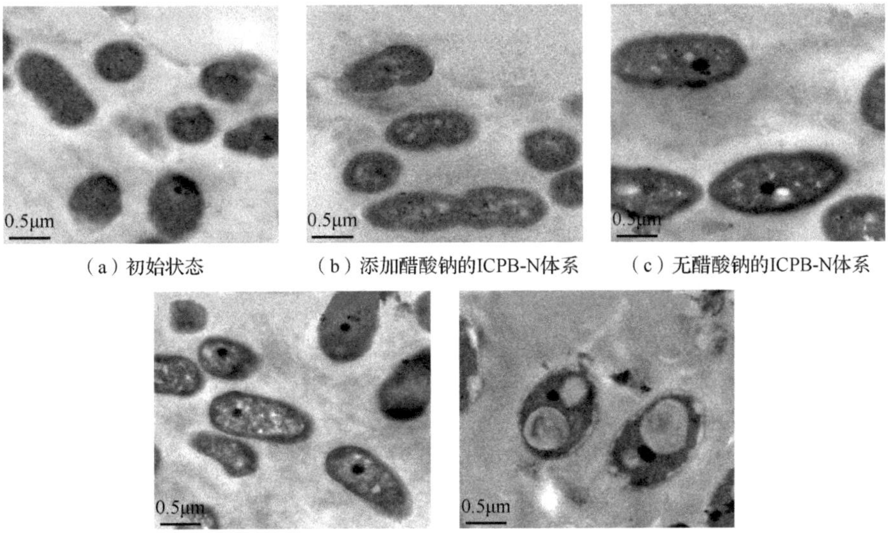

（a）初始状态　（b）添加醋酸钠的ICPB-N体系　（c）无醋酸钠的ICPB-N体系

（d）添加醋酸钠的ICPB-Ag体系　（e）无醋酸钠的ICPB-Ag体系

图 5.8　微生物细胞亚显微结构[2]

香农-维纳多样性指数是表示微生物多样性的指标，数值越大表示微生物种类越丰富。添加醋酸钠后，ICPB-Ag 体系的香农-维纳多样性指数从 3.45 增加至 4.05，表明体系的微生物多样性增加。微生物群落结构如图 5.9 所示。黄杆菌属（*Flavobacterium*）倾向于利用微生物释放的可溶性大分子进行生长，因此，该菌通常在细胞受损甚至死亡时受到刺激而大量繁殖[24]。初始黄杆菌属相对丰度仅为 1.19%，在无醋酸钠添加的 ICPB-Ag 体系增加至 9.80%，当添加醋酸钠后，下降至 6.98%，表明醋酸钠提高了 ICPB 体系的细胞存活率。三维荧光光谱结果发现，添加醋酸钠后，酪氨酸、色氨酸和可溶性微生物胞内组分显著降低，证实了添加醋酸钠对微生物的保护作用，有效降低了细胞破损率。

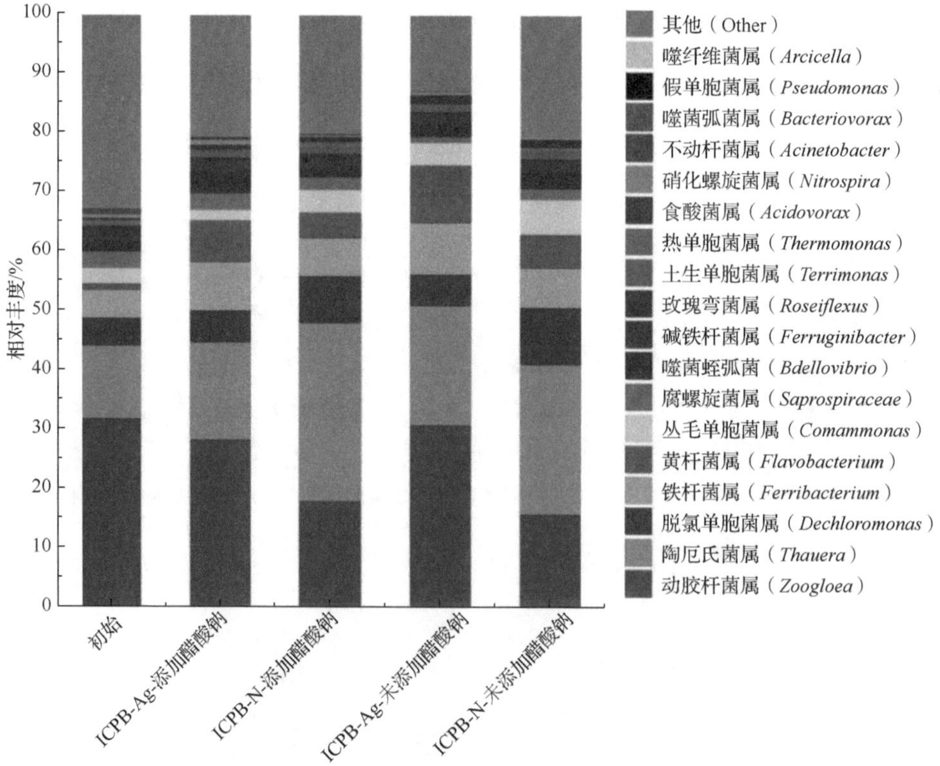

图 5.9　有/无醋酸钠条件下 ICPB-N 体系和 ICPB-Ag 体系的微生物群落[2]

（扫封底二维码查看彩图）

综上所述，研究证明了添加外源电子供体作为强化 ICPB 对 TCH 的降解的策略是可行的。醋酸钠的添加提高了 ICPB-2 中活菌的比例，脱氢酶活性显著提高；强化了生物膜群落结构的演替，对酚类化合物具有良好降解能力的陶厄氏菌属（*Thauera*）维持了活性，使得其进一步降解 ICPB-1 积累的含 π—π 键的小分子中间产物。醋酸钠等共基质的添加可以强化 ICPB 体系中生物降解作用，从而提高 TCH 的降解和矿化效率。

参 考 文 献

[1] XIONG H F, DONG S S, ZHANG J, et al. Roles of an easily biodegradable co-substrate in enhancing tetracycline treatment in an intimately coupled photocatalytic-biological reactor[J]. Water Research, 2018, 136:75-83.

[2] ZHAO M Y, SHI J L, ZHAO Z Q, et al. Enhancing chlorophenol biodegradation: using a co-substrate strategy to resist photo-H_2O_2 stress in a photocatalytic-biological reactor[J]. Chemical Engineering Journal, 2018, 352:255-261.

[3] ZHANG C J, DONG S S, CHEN C L, et al. Co-substrate addition accelerated amoxicillin degradation and detoxification by up-regulating degradation related enzymes and promoting cell resistance[J]. Journal of Hazardous Materials, 2020, 394, 122574.

[4] XIONG J Q, KURADE M B, KIM J R, et al. Ciprofloxacin toxicity and its co-metabolic removal by a freshwater microalga *Chlamydomonas mexicana*[J]. Journal of Hazardous Materials, 2017, 323:212-219.

[5] BAI Q, YANG L H, LI R J, et al. Accelerating quinoline biodegradation and oxidation with endogenous electron donors[J]. Environmental Science & Technology, 2015, 49(19):11536-11542.

[6] HEIDARI H, SEDIGHI M, ZAMIR S M, et al. Bisphenol A degradation by *Ralstonia eutropha* in the absence and presence of phenol[J]. International Biodeterioration & Biodegradation, 2017, 119, 37-42.

[7] MÜLLER E, SCHÜSSLER W, HORN H, et al. Aerobic biodegradation of the sulfonamide antibiotic sulfamethoxazole by activated sludge applied as co-substrate and sole carbon and nitrogen source[J]. Chemosphere, 2013, 92(8):969-978.

[8] KIM S, HWANG J, CHUNG J, et al. Enhancing trichloroethylene degradation using non-aromatic compounds as growth substrates[J]. Journal of Hazardous Materials, 2014, 275:99-106.

[9] MOHAN S V, REDDY C N, KUMAR A N, et al. Relative performance of biofilm configuration over suspended growth operation on azo dye based wastewater treatment in periodic discontinuous batch mode operation[J]. Bioresource Technology, 2013, 147:424-433.

[10] SUN S. Study on the triphenyl tetrazolium chloride-dehydrogenase activity (TTC-DHA) method in determination of bioactivity for treating tomato paste wastewater[J]. African Journal of Biotechnology, 2012, 11(27):7055-7062.

[11] CHANG B, HSU F-Y, LIAO H-Y. Biodegradation of three tetracyclines in swine wastewater[J]. Journal of Environmental Science and Health Part B, Pesticides, Food Contaminants, and Agricultural Wastes, 2014, 49:449-455.

[12] 吕勃熠. 芳香烃降解菌的分离、鉴定及性质研究[D]. 天津：天津理工大学, 2015.

[13] TAŞKAN B, HANAY O, TAŞKAN E, et al. Hydrogen-based membrane biofilm reactor for tetracycline removal: biodegradation, transformation products, and microbial community[J]. Environmental Science and Pollution Research, 2016, 23(21):21703-21711.

[14] XIA D, NG T, AN T C, et al. A recyclable mineral catalyst for visible-light-driven photocatalytic inactivation of bacteria: natural magnetic sphalerite[J]. Environmental Science & Technology, 2013, 47(19):11166-11173.

[15] XIONG H F, ZOU D L, ZHOU D D, et al. Enhancing degradation and mineralization of tetracycline using intimately coupled photocatalysis and biodegradation (ICPB)[J]. Chemical Engineering Journal, 2017, 316:7-14.

[16] ZHANG C F, FU L, XU Z X, et al. Contrasting roles of phenol and pyrocatechol on the degradation of 4-chlorophenol in a photocatalytic-biological reactor[J]. Environmental Science and Pollution Research, 2017, 24:1-7.

[17] TANG Y X, ZHANG Y M, YAN N, et al. The role of electron donors generated from UV photolysis for accelerating pyridine biodegradation[J]. Biotechnology and Bioengineering, 2015, 112(9):1792-1800.

[18] MARSOLEK M, RITTMANN B. Effect of substrate characteristics on microbial community structure, function, resistance, and resilience; application to coupled photocatalytic-biological treatment[J]. Water Research, 2015, 90:1-8.

[19] LUO H P, LIU G L, ZHANG R D, et al. Phenol degradation in microbial fuel cells[J]. Chemical Engineering Journal, 2009, 147:259-264.

[20] SHARAFI H. Antibacterial activity and probiotic potential of *Lactobacillus plantarum* HKN01: a new insight into the morphological changes of antibacterial compound-treated *Escherichia coli* by electron microscopy[J]. Journal of Microbiology and Biotechnology, 2013, 23:225-236.

[21] SINGH R K, BABU V, PHILIP L, et al. Disinfection of water using pulsed power technique: effect of system parameters and kinetic study[J]. Chemical Engineering Journal, 2016, 284:1184-1195.

[22] MA Y, LU N, LU Y, et al. Comparative study of carbon materials synthesized "Greenly" for 2-CP removal[J]. Scientific Reports, 2016, 6: 29167.

[23] FLORES M, BRANDI R, CASSANO A, et al. Chemical disinfection with H_2O_2 – The proposal of a reaction kinetic model[J]. Chemical Engineering Journal, 2012, 198-199:388-396.

[24] SZABO E, LI BANA R, HERMANSSON M, et al. Comparison of the bacterial community composition in the granular and the suspended phase of sequencing batch reactors[J]. AMB Express, 2017, 7: 168.

第6章

近场耦合反应动力学模型

动力学模型在环境污染控制工程领域一般具有以下作用：确定影响降解过程的关键因素，深入了解复杂的反应机理，为体系规模放大提供理论支撑，预测降解时间和运行成本。高级氧化与生物降解近场耦合反应动力学模型的建立与单一体系相比更具难度和复杂性。这是因为，ICPB 体系中高级氧化与生物降解对有机物的降解作用并非简单的叠加关系，而存在着底物利用协同以及在此基础上相互促进的关系。因此，建立 ICPB 反应动力学模型时，既要基于当前有关光催化氧化和生物降解反应已有的工作基础，又要充分考虑反应过程中光催化氧化、生物降解和底物三者的耦联关系。依据第 1 章所阐述的 ICPB 反应原理，ICPB 体系中高级氧化与生物降解之间耦合的关联节点就是光催化降解污染物生成的中间产物。载体内部微生物正是以这些中间产物为碳源而生长繁殖从而存活下来。

动力学模型的构建主要按照以下步骤进行：①提出科学问题；②分析各种因素，作出合理假设；③建立适用于本体系或系统的数学模型；④对数学模型进行适当推导，得出最有意义的结果；⑤将实验数据代入模型进行对比分析，通过推导修正使模型与实验数据很好地拟合；⑥对模型加以修正和优化，最终得到一个适用性更高、更普遍的数学模型。Ma 等[1]借助中间产物将光催化模型与生物降解模型耦联，成功构建了首个 ICPB 反应动力学模型，并进行了模型验证。本章首先介绍几种常见的单一反应动力学模型，再对其进行应用建立 ICPB 反应模型，并开展模型验证。

6.1　光催化反应动力学模型

目前，对于光催化反应的动力学模型研究非常广泛。光催化反应效率受多种因素影响，温度、光强、催化剂浓度、催化剂种类、pH、溶解氧密度、污染物初始浓度、无机离子和反应器构型等，都会对有机物降解速率产生影响。可见，建立光催化反应动力学模型是明晰污染物最优降解条件的重要途径。目前，已报道的光催化反应动力学模型，通常基于准一级反应动力学[2-4]、二级反应动力学[5-7]、朗格缪尔-欣谢尔伍德（Langmuir-Hinshelwood, L-H）反应动力学方程[8-11]等建立的，也包括在这些反应动力学基础上改进的模型等。

6.1.1　一级反应动力学模型

一级反应动力学反应是指化学反应速率与体系中反应物的浓度成正比的反应，反应速率方程式为

$$\mathrm{d}C / \mathrm{d}t = -kC \tag{6.1}$$

式中，C 为反应物的浓度（mg/L）；t 为反应时间（s）；一阶导数 $\mathrm{d}C/\mathrm{d}t$ 为反应速率（mg/(L·s)）；k 为一级反应动力学常数（t^{-1}）。

k 不随反应物浓度的变化而变化，负号表示反应物的浓度随着反应的进行而降低，当反应表示生成速率时公式中的负号应去掉。在初始时刻 t_0，反应物浓度为 C_0，方程的特解为 $C(t) = C_0\mathrm{e}^{-k(t-t_0)}C(t) = C_0\mathrm{e}^{-k(t-t_0)}$，当 $t_0=0$ 时，方程的特解为 $C(t) = C_0\mathrm{e}^{-kt}$，反应的半衰期为 $t_{1/2} = \ln 2 / k$。

一级反应动力学模型在物理化学领域的应用非常广泛，包括污染物的去除、放射性衰减、分子重排，常被应用于半衰期及反应物产量的计算，高级氧化反应速率的确定等。Zhou 等[12]在 TiO_2 基磁性光催化材料降解亚甲基蓝染料时，采用一级反应动力学模型拟合了亚甲基蓝的去除效率，R^2 均在 0.95 以上。

6.1.2　二级反应动力学模型

二级反应动力学反应是指反应速率与两个反应物浓度的乘积成正比，也就是与反应物浓度的二次方成正比的化学反应，反应速率方程式为

$$\mathrm{d}C / \mathrm{d}t = k(a-C)(b-C) \tag{6.2}$$

式中，a 和 b 分别代表反应物起始的浓度（mg/L）；C 为生成物的浓度（mg/L）；t 为反应时间（s）；一阶导数 $\mathrm{d}C/\mathrm{d}t$ 为反应速率（mg/(L·s)）；k 为二级反应动力学常数（t^{-1}）。

二级反应也很常见，乙烯、丙烯、异丁烯的二聚反应，碘化氢的热分解，乙酸乙酯的水解等都是二级反应。Brame 等[5]在研究天然水体中的有机物或其他背景成分对目标污染物糠醇（furfuryl alcohol, FFA）光催化氧化降解的抑制作用时，采用二级反应动力学模型来拟合 FFA 的降解，R^2 大于 0.88，p 小于 0.05。

6.1.3 Langmuir-Hinshelwood 反应动力学模型

Langmuir-Hinshelwood（L-H）反应动力学模型被广泛应用于非均相催化反应模拟，其特点是考虑了反应物在催化剂上吸附-解析过程对反应速率的影响。其中，经典的 Langmuir 吸附等温方程为

$$\frac{C_e}{q_e}=\frac{1}{K_L q_m}+\frac{1}{q_m}\bullet C_e \tag{6.3}$$

式中，C_e 为吸附平衡时溶液浓度（mg/L）；q_e 为平衡吸附量（mg/g）；q_m 为饱和吸附量（mg/g）；K_L 为 Langmuir 吸附平衡常数（L/mg）。

20 世纪 20 年代，Hinshelwood 将 Langmuir 吸附等温方程应用于非均相催化反应动力学，提出了非均相催化反应发生于固体催化剂表面的假说。该反应的三个基本步骤为：反应物首先吸附到催化剂表面、反应物在催化剂表面发生反应（表面反应）生成产物、反应产物脱附。L-H 催化反应动力学方程式为

$$r=-\frac{\mathrm{d}C}{\mathrm{d}t}=k_d\frac{\Gamma_{\max}K_L C}{1+K_L C} \tag{6.4}$$

式中，r 为光催化反应速率（mg/(L·h)）；C 为有机物的浓度（mg/L）；$\Gamma_{\max}$ 为饱和吸附量（mg/g）；t 为光照时间（h）；k_d 为光降解速率常数（mg/(L·h)）；K_L 为表观吸附平衡常数。

经过长时间的发展，研究者不断对 L-H 催化反应动力学方程进行修正。L-H 方程目前被广泛地应用于各种催化反应模拟中，在光催化反应数值模拟方面得到了广泛认可。Valencia 等[13]在研究二氧化钛对苯酚的光催化降解反应时，在 L-H 方程基础上优化模型，所构建的方程拟合数据与实验数据近乎完全吻合，R^2 在 0.98 以上。

6.2　生物降解有机物动力学

生物降解是污水处理工艺中的核心，建立有机物的生物降解模型一直是研究热点。明晰不同条件和工艺设计对有机物生物降解过程中降解速率、反应级数和相关参数的影响，能够帮助我们深入理解和准确分析有机物的降解规律和降解机理、有机物降解过程中微生物的生长规律和调节机制[14]。目前，被广泛使用的生物降解动力学模型有 Monod 生长模型、Haldane 生物抑制模型、Aiba 生物抑制模型，以及将这些模型进行修正衍生的共代谢模型等。

6.2.1　Monod 方程

Monod 方程是描述生物比生长速率与底物利用速率之间关系的方程[15]：

$$\mu = \frac{\mu_{\max}}{K_s + S} \tag{6.5}$$

式中，μ 为生物比生长速率；S 为底物浓度；$\mu_{\max}$ 为生物最大比生长速率；K_s 为半饱和常数，即生物比生长速率为最大比生长速率一半时的底物浓度。首先，通过实验测定不同底物浓度时微生物的比生长速率 μ，再利用回归方程计算出 $\mu_{\max}$ 和 K_s 这两个参数。$\mu_{\max}$ 和 K_s 只与微生物种类、性质及底物种类有关，与底物浓度无关。因此，这两个参数可以反映微生物利用该底物的能力及微生物生长特性。在污水生物处理体系的反应动力学构建过程中，Monod 生长模型是应用最为广泛的动力学模型[16, 17]。

6.2.2　生物抑制模型

当底物对微生物存在抑制作用时，可应用 Haldane 生物抑制方程、Aiba 生物抑制方程、Andrews 生物抑制方程等模拟微生物对底物的利用速率。这些模型均在 Monod 方程的基础上增加了底物对微生物的抑制项。其中，Haldane 模型表达式为

$$\mu = \frac{\mu_{\max}}{K_s + S + \dfrac{S^2}{K_i}} \tag{6.6}$$

式中，K_i 为抑制项。

Aiba 模型表达式为

$$\mu = \frac{\mu_{\max}}{K_s + S\exp\left(-\dfrac{S}{K_{SI}}\right)} \tag{6.7}$$

式中，K_{SI} 为抑制项。

Andrews 模型表达式为

$$q = \frac{q_{\max}}{K_{sq} + S + \dfrac{S^2}{K_{iq}}} \tag{6.8}$$

式中，q 为底物的比降解速率；$q_{\max}$ 为底物的最大比降解速率；K_{sq} 为底物饱和常数；K_{iq} 为底物抑制浓度。

这些生物生长抑制模型适用于何种生境或何种微生物尚无定论。Hao 等[18]以苯酚作为共代谢基质降解氯酚时，发现苯酚对细菌的生长和酶活性均有抑制作用，对 Andrews 生物抑制方程修正后得到了理想的模型预测结果。Wang 等[19]在模拟苯酚与氯酚的共代谢降解时，采用变形的 Haldane 模型拟合了氯酚的降解，模拟曲线 R^2 值大于 0.90。

6.3　光催化氧化-生物降解近场耦合反应动力学模型构建

ICPB 体系包括光催化氧化反应与生物降解反应，所以把握好这两个反应之间的相互作用关系并通过模型定量描述该关系，是构建 ICPB 反应动力学模型的关键。将光催化氧化与生物降解紧密相连的就是光催化降解污染物生成的中间产物，因为载体内部生物是以这些中间产物为碳源生长繁殖从而存活下来的。于是，可以利用这种关联，借助中间产物将光催化模型与生物降解模型耦联起来构建 ICPB 反应动力学模型。

Ma 等[1]以 TCH 为目标污染物，以理想 ICPB 反应特征与机制为假设条件，以光催化反应中间产物为桥梁，将传统的光催化氧化模型与生物降解模型巧妙耦联，构建 ICPB 体系的数学模型。与此同时，基于实验数据对 TCH 去除与矿化数学模型进行验证和误差分析，揭示 ICPB 体系的反应机制与优势，为 ICPB 工艺放大和阐述调控奠定了理论基础。

6.3.1　模型假设

为了构建并简化 ICPB 体系降解和矿化 TCH 的动力学模型，以理想 ICPB 反应机制为模型假设条件，具体如下。

（1）ICPB 达到稳定状态时，附着在海绵载体上的生物衰亡与生长达到平衡，生物量为常数[20]。

（2）通过一系列的生物降解反应，所有的光催化中间产物的碳最终都可以被矿化成 CO_2[21]。

（3）所有中间产物（包括 TCH 被活性氧自由基氧化和好氧生物降解产生的中间产物）的浓度以 COD 代替。

（4）以光催化反应中产生的最主要的活性物种的量，来代替整个反应产生的所有活性物种的量。

6.3.2 模型建立与推导

TCH 是生活中常见的抗生素，由于其对微生物有毒性作用，通常不可被生物降解，因此认为 ICPB 中 TCH 的去除全部基于光催化的降解作用。依据假设（2）和（3），光催化降解 TCH 所产生的中间产物被微生物进一步氧化并最终矿化。因此，反应器中通过发生以下反应实现 TCH 的去除和矿化。催化剂受光激发产生具有强氧化性的活性物种（reactive species, RS），这些 RS 攻击 TCH 生成可生物降解的中间产物。这些中间产物一部分会被 RS 继续攻击，另一部分会被生物降解并最终矿化成二氧化碳和水等无机物。整个过程可以使用下面的方程式进行描述。

$$\mathrm{TiO_2} \xrightarrow{h\nu} \mathrm{RS} \tag{6.9}$$

$$\mathrm{TCH+RS} \xrightarrow{k_1} \mathrm{Int.} \tag{6.10}$$

$$\mathrm{Int.+RS} \xrightarrow{k_2} \text{产物} \tag{6.11}$$

$$\mathrm{Int.}+\text{生物降解} \longrightarrow \mathrm{CO_2+H_2O} \tag{6.12}$$

式（6.10）中的 k_1 代表 TCH 的二级反应速率，式（6.11）中的 k_2 代表光催化中间产物的二级反应速率，Int.代表中间产物。

TCH 的降解用二级动力学模型来拟合，如式（6.13）所示。

$$\left(-\frac{\mathrm{d}[\mathrm{TCH}]}{\mathrm{d}t}\right)^{\mathrm{PC}} = k_1[\mathrm{RS}][\mathrm{TCH}] \tag{6.13}$$

式中，等式左侧右上角标 PC 代表该模型所适应的反应体系，即光催化反应（photocatalysis）；[TCH]和[RS]分别代表 TCH 的浓度和 RS 的浓度。

对于光催化反应中的中间产物降解动力学，可有与式（6.13）类似的式子如式（6.14）。中间产物的变化速率等于其生成速率减去消耗速率。由于中间产物复杂多样，其浓度用 COD 表示（假设（3））。

$$\left(\frac{\mathrm{d}[\mathrm{COD_{Int}}]}{\mathrm{d}t}\right)^{\mathrm{PC}} = k_1[\mathrm{RS}][\mathrm{TCH}] - k_2[\mathrm{RS}][\mathrm{COD_{Int}}] \tag{6.14}$$

在 ICPB 体系中，中间产物的消耗速率一部分是由生物降解引起的，这部分降解动力学用 Monod 模型来拟合。

$$\left(\frac{\mathrm{d}\left[\mathrm{COD_{Int}}\right]}{\mathrm{d}t}\right)^{\mathrm{ICPB}}=k_1\left[\mathrm{RS}\right]\left[\mathrm{TCH}\right]-k_2\left[\mathrm{RS}\right]\left[\mathrm{COD_{Int}}\right]-\frac{R_m\left[\mathrm{COD_{Int}}\right]}{K_s+\left[\mathrm{COD_{Int}}\right]}X \tag{6.15}$$

式中，R_m 为生物最大比生长速率；K_s 为半饱和常数；X 为稳定状态时的生物量。

为了确定 RS 的反应动力学，光催化剂受光激发产生 RS 的速率与 RS 的消耗速率需要同时考虑。因此，式（6.16）代表 RS 的反应动力学，其中自由基与自由基之间的反应为了简化而忽略不计。

$$\frac{\mathrm{d}\left[\mathrm{RS}\right]}{\mathrm{d}t}=k_0\left[\mathrm{TiO_2}\right]-\left(k_1\left[\mathrm{TCH}\right]+k_2\left[\mathrm{COD_{Int}}\right]\right)\left[\mathrm{RS}\right] \tag{6.16}$$

式中，k_0 代表 RS 的生成速率，将式（6.16）积分可得在任一时刻（t）RS 的量：

$$\left[\mathrm{RS}\right]_t=k_0\left[\mathrm{TiO_2}\right]t+\left[\mathrm{RS}\right]_0\mathrm{e}^{-\left(k_1\left[\mathrm{TCH}\right]+k_2\left[\mathrm{COD_{Int}}\right]\right)t} \tag{6.17}$$

k_1 与 k_2 的关系可用竞争动力学[22]来表示：

$$k_2=Ak_1 \tag{6.18}$$

式中，A 代表系数 $\dfrac{\ln\left(\left[\mathrm{COD_{Int}}\right]_t/\left[\mathrm{COD_{Int}}\right]_0\right)}{\ln\left(\left[\mathrm{TCH}\right]_t/\left[\mathrm{TCH}\right]_0\right)}$。

将式（6.17）和式（6.18）分别代入式（6.13）和式（6.15），得到 ICPB 体系中 TCH 的降解动力学模型：

$$\left(-\frac{\mathrm{d}\left[\mathrm{TCH}\right]}{\mathrm{d}t}\right)^{\mathrm{ICPB}}=k_1\left(k_0\left[\mathrm{TiO_2}\right]t+\left[\mathrm{RS}\right]_0\mathrm{e}^{-\left(k_1\left[\mathrm{TCH}\right]+Ak_1\left[\mathrm{COD_{Int}}\right]\right)t}\right)\left[\mathrm{TCH}\right] \tag{6.19}$$

$$\begin{aligned}\left(\frac{\mathrm{d}\left[\mathrm{COD_{Int}}\right]}{\mathrm{d}t}\right)^{\mathrm{ICPB}}&=\left(k_1\left[\mathrm{TCH}\right]-Ak_1\left[\mathrm{COD_{Int}}\right]\right)\\&\quad\cdot\left(k_0\left[\mathrm{TiO_2}\right]\mathrm{t}+\left[\mathrm{RS}\right]_0\mathrm{e}^{-\left(k_1\left[\mathrm{TCH}\right]+Ak_1\left[\mathrm{COD_{Int}}\right]\right)t}\right)-\frac{R_m\left[\mathrm{COD_{Int}}\right]}{K_s+\left[\mathrm{COD_{Int}}\right]}X\end{aligned} \tag{6.20}$$

对于光催化反应体系，没有生物降解作用，故式（6.20）等式右侧第二项可以去掉。

与光催化反应中 TCH 的降解动力学类似，光催化反应中的 COD 降解动力学同样可用二级动力学拟合[23]。

$$\left(-\frac{\mathrm{d}\left[\mathrm{COD_T}\right]}{\mathrm{d}t}\right)^{\mathrm{PC}}=k_3\left[\mathrm{RS}\right]\left[\mathrm{COD_T}\right] \tag{6.21}$$

式中，k_3 代表 COD 的二级反应动力学常数；COD_T 表示总 COD。同样地，COD 降解中任一时刻 RS 的量可用式（6.22）表示。

$$\left[\mathrm{RS}\right]_t=k_0\left[\mathrm{TiO_2}\right]t+\left[\mathrm{RS}\right]_0\mathrm{e}^{-k_3\left[\mathrm{COD_T}\right]t} \tag{6.22}$$

因此，将式（6.22）代入式（6.21）得到光催化反应中 COD 的降解动力学模型。

$$\left(-\frac{\mathrm{d}\left[\mathrm{COD_T}\right]}{\mathrm{d}t}\right)^{\mathrm{PC}}=k_3\left(k_0\left[\mathrm{TiO_2}\right]t+\left[\mathrm{RS}\right]_0\mathrm{e}^{-k_3\left[\mathrm{COD_T}\right]t}\right)\left[\mathrm{COD_T}\right] \tag{6.23}$$

生物降解反应中的 COD 降解也可用 Monod 方程来表示。

$$-\frac{\mathrm{d}\left[\mathrm{COD_T}\right]}{\mathrm{d}t}=\frac{R_m\left[\mathrm{COD_T}\right]}{K_s+\left[\mathrm{COD_T}\right]}X \tag{6.24}$$

式中，R_m 为生物最大比生长速率；K_s 为半饱和常数；X 为稳定状态时的生物量。在 ICPB 体系中，COD 的降解归因于光催化氧化与生物降解的同时作用，所以 COD 的降解动力学由式（6.23）与式（6.24）的结合得到。

$$\left(-\frac{\mathrm{d}\left[\mathrm{COD_T}\right]}{\mathrm{d}t}\right)^{\mathrm{ICPB}}=k_3\left(k_0\left[\mathrm{TiO_2}\right]t+\left[\mathrm{RS}\right]_0\mathrm{e}^{-k_3\left[\mathrm{COD_T}\right]t}\right)\left[\mathrm{COD_T}\right]+\frac{R_m\left[\mathrm{COD_{Int}}\right]}{K_s+\left[\mathrm{COD_{Int}}\right]}X \tag{6.25}$$

6.3.3 模型求解

6.3.3.1 优势活性物种分析

光催化剂受光激发会产生五种主要的具有强氧化性的活性物种，即光生空穴（h^+）、光生电子（e^-）、羟基自由基（$\cdot OH$）、过氧化氢（H_2O_2）和超氧自由基（$\cdot O_2^-$），相关反应如下：

$$TiO_2+h\nu \rightarrow e^-+h^+ \tag{6.26}$$

$$h^++H_2O \rightarrow \cdot OH+H^+ \tag{6.27}$$

$$h^++OH^- \rightarrow \cdot OH \tag{6.28}$$

$$O_2+e^- \rightarrow \cdot O_2^- \tag{6.29}$$

$$\cdot O_2^-+H^+ \rightarrow HO_2\cdot \tag{6.30}$$

$$2HO_2\cdot \rightarrow O_2+H_2O_2 \tag{6.31}$$

$$H_2O_2+O_2^- \rightarrow \cdot OH+OH^-+O_2 \tag{6.32}$$

探究各活性物种对污染物降解所起的作用，可采用掩蔽实验进行分析。通过加入各种特异性的掩蔽剂，猝灭特定的活性物种，观察掩蔽后光催化降解效果的变化来确定每种活性物种的作用。实验中采用的掩蔽剂如下：0.5mmol/L 草酸钠掩蔽 h^+，0.5mmol/L 异丙醇掩蔽$\cdot OH$，0.05mmol/L Cr(VI)掩蔽 e^-，0.1mmol/L Fe(II)-EDTA 掩蔽 H_2O_2，2mmol/L 超氧化物清除剂（TEMPOL）掩蔽$\cdot O_2^-$。

马跃[24]研究了 Ag/TiO_2 降解 TCH 的主要活性物种，结果如图 6.1 所示。各活性物种按作用大小依次为 $h^+ > \cdot O_2^- > H_2O_2 > \cdot OH > e^-$。对于空穴电子对，无论任何一方被掩蔽，都会极大促进空穴电子对的分离。而且空穴电子对的分离属于活性物种产生的一级反应，当掩蔽一方时会使另一方的数量大幅增加。当空穴被掩蔽时，电子数量大幅增加；电子被掩蔽时，空穴数量大幅增加。但是，由于空穴的强氧化性，它可以直接把 TCH 氧化降解，所以当电子被掩蔽时，体系对 TCH 的降解能力最强。当空穴被掩蔽时，活性物种的一系列反应都会受到影响，导致整个价带上的反应都将受到抑制，这也说明了价带在光催化反应中发挥着极重要的作用。当超氧自由基被掩蔽时，TCH 的光催化降解也受到了很大程度的抑制，TEMPOL（四甲基哌啶氮氧化物）掩蔽超氧自由基时，主要依靠延迟或抑制超氧自由基的形成从而对导带和价带均有抑制作用。羟基自由基和过氧化氢被掩蔽时，光催化降解受到的抑制作用很小，说明反应中羟基自由基和过氧化氢产生的量很少，对 TCH 降解起到的作用可忽略不计。

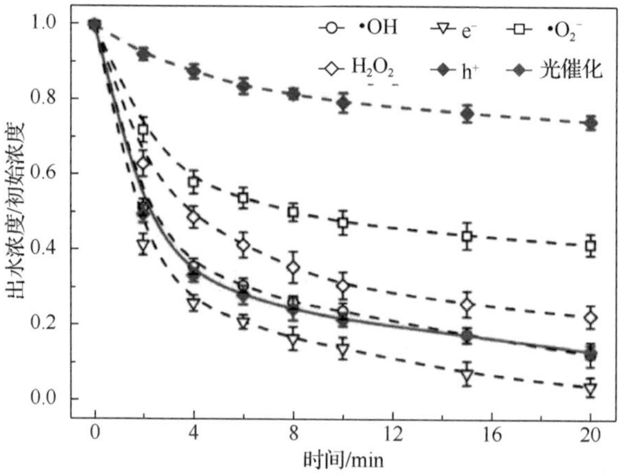

图 6.1　Ag/TiO_2 催化剂降解 TCH 的活性物种作用分析

图例表示掩蔽的活性物种，“光催化”中无掩蔽剂添加

6.3.3.2　TCH 降解动力学拟合

将图 6.1 中 TCH 降解的实验数据代入式（6.19），用 First Optimization 软件进行拟合，得到 PC 与 ICPB 体系中 TCH 的降解动力学常数，模型参数见表 6.1。

如表 6.1 所示，ICPB 体系中的降解速率常数比 PC 体系提高了 10%左右。这主要是由于 ICPB 体系中生物降解的加入使得光催化降解 TCH 中间产物可以同时被生物降解及光催化降解，导致更多的活性物种攻击 TCH，加速了 TCH 的降解。图 6.2 表明实验数据与模型预测结果相关性高，R^2 均大于 0.95。这说明本次构建的动力学模型可以很好地模拟 TCH 降解。

表 6.1　TCH 降解的模型参数

	PC		ICPB	
TCH 初始浓度/(mg/L)	20	40	20	40
k_1/h^{-1}	0.227	0.242	0.254	0.265
R^2	0.96	0.97	0.95	0.96

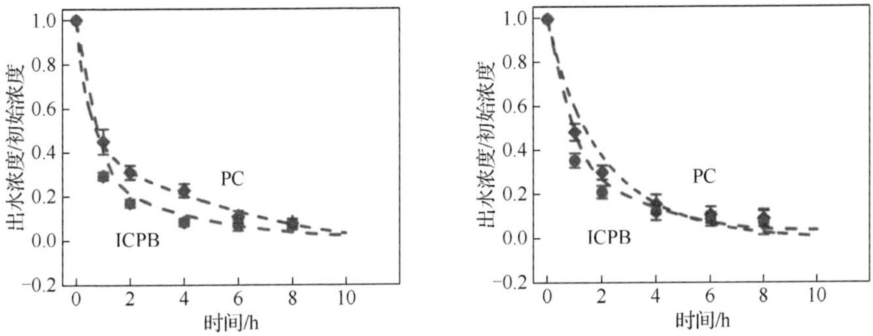

（a）TCH初始浓度为20mg/L

（b）TCH初始浓度为40mg/L

图 6.2　不同浓度 TCH 降解的实验数据与模型拟合对比图

6.3.3.3　COD 降解动力学拟合

将 COD 降解的实验数据代入式（6.23）与式（6.25），用软件拟合后可得到 PC 与 ICPB 体系中 COD 的降解动力学常数。将 COD 降解实验数据代入模型进行验证，模型参数见表 6.2，降解实验数据与模型拟合曲线对比见图 6.3。

如表 6.2 所示，模型拟合的相关性均大于 0.92，说明所构建的模型也可以很好地适用于 COD 的降解。ICPB 体系中的 COD 的降解相比单一光催化反应（PC）提高了 25%，降解速率相比 PC 分别提高了 38%和 43%（TCH 初始浓度分别为 20mg/L 和 40mg/L）。这说明，生物降解作用使中间产物的去除速率加快。与 TCH 初始浓度 40mg/L 相比，TCH 初始浓度 20mg/L 中间产物的最大比降解速率提高了 10%。这也间接说明了光催化降解 TCH 产生的中间产物可以为微生物提供碳源，从而促进微生物的生长，同时加速了污染物的降解。

将 TCH 降解实验数据代入模型进行验证，实验数据与模型拟合曲线对比结果见图 6.4。由图 6.4 可以清楚地看出 ICPB 体系降解 COD 的优势。为了证实 ICPB 体系中光催化作用与生物降解作用不是简单相加，而是相互影响的协同作用，将实验获得的数据代入式（6.23）与式（6.24）相加后的式子中，拟合结果如图 6.4 所示。可以看出，拟合得到的结果比实际残留的 COD 要低大约 15%，不能很好地预测 COD 降解。Ko 等[25]在研究吸附与臭氧氧化的相互作用时，也遇到了相同的情况：两个反应的特异性参数的变化都说明了这两种反应之间存在着积极的相互作用。很明显，上述结果与 Ko 等的一致，也说明在 Ma 等构建的 ICPB 体系中，光催化氧化作用与生物降解作用相互影响、协同促进。

表 6.2　COD 降解的模型参数

	PC		ICPB	
TCH 初始浓度/(mg/L)	20	40	20	40
k_3/h^{-1}	0.13	0.14	0.18	0.20
R_m/h^{-1}	/	/	31	34
K_s/(mg/L)	/	/	420	390
R^2	0.97	0.97	0.92	0.94

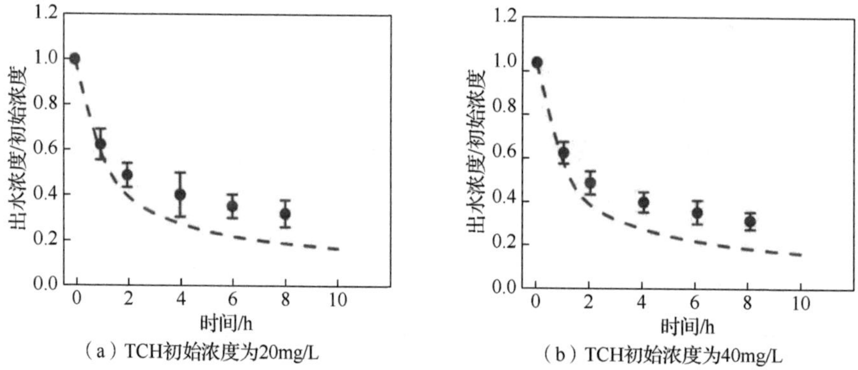

（a）TCH初始浓度为20mg/L　　（b）TCH初始浓度为40mg/L

图 6.3　COD 降解实验数据代入式（6.23）+式（6.24）模型拟合对比图

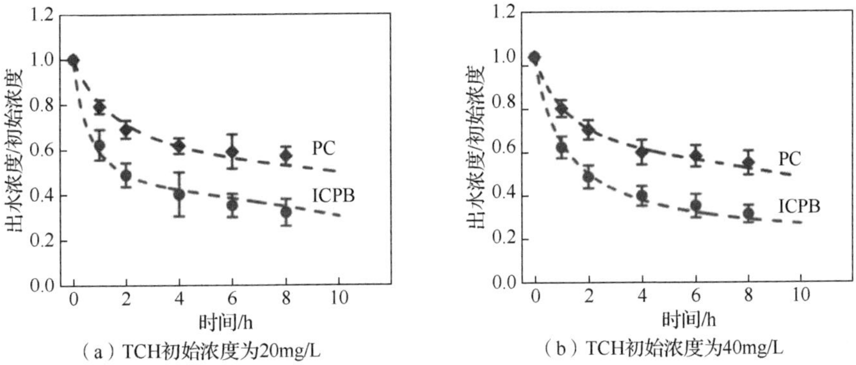

图 6.4　COD 降解的实验数据与模型拟合对比图

6.3.4　模型评价与误差分析

实验数据与模型拟合之间的相关误差，按照公式（6.33）计算[26]，其中 C_{mod} 为模型计算的浓度值（mg/L），C_{exp} 为实验获得的浓度值（mg/L）。将 TCH 降解和 COD 降解的实验数据及模型拟合数据代入，得到 TCH 降解的相关误差低于 2.1%，COD 降解的相关误差低于 0.9%。这再次说明了该高级氧化生物降解近场耦合反应动力学模型可以很好地适用于 ICPB 体系中 TCH 及 COD 的降解。

$$\text{相关误差}(\%)=\sum_{i=1}^{n}\left(\frac{C_{mod}-C_{exp}}{C_{exp}}\right)^2 \tag{6.33}$$

综上所述，以上构建的模型预测准确性较高，此外，ICPB 对 TCH 及 COD 降解速率常数与单一光催化反应相比分别提高了 10%与 38%，从模型角度阐明了 ICPB 的反应优势。

参 考 文 献

[1]　MA Y, XIONG H F, ZHAO Z Q, et al. Model-based evaluation of tetracycline hydrochloride removal and mineralization in an intimately coupled photocatalysis and biodegradation reactor[J]. Chemical Engineering Journal, 2018, 351: 967-975.

[2] YANG Y, PIGNATELLO J, MA J, et al. Comparison of halide impacts on the efficiency of contaminant degradation by sulfate and hydroxyl radical-based advanced oxidation processes (AOPs)[J]. Environmental Science & Technology, 2014, 48: 2344-2351.

[3] QUAN X, YANG S G, RUAN X L, et al. Preparation of titania nanotubes and their environmental applications as electrode[J]. Environmental Science & Technology, 2005, 39: 3770-3775.

[4] SU Y, QUAN X, ZHAO H M, et al. A silicon-doped TiO_2 nanotube arrays electrode with enhanced photoelectrocatalytic activity[J]. Applied Surface Science, 2008, 255: 2167-2172.

[5] BRAME J, LONG M, LI Q L, et al. Inhibitory effect of natural organic matter or other background constituents on photocatalytic advanced oxidation processes: mechanistic model development and validation[J]. Water Research, 2015, 84: 362-371.

[6] YUAN F, HU C, HU X X, et al. Degradation of selected pharmaceuticals in aqueous solution with UV and UV/H_2O_2[J]. Water Research, 2009, 43:1766-1774.

[7] CHENG Z W, JIANG Y, ZHANG L M, et al. Conversion characteristics and kinetic analysis of gaseous α-pinene degraded by a VUV light in various reaction media[J]. Separation and Purification Technology, 2011, 77(1): 26-32.

[8] YAN X L, SHI H X, WANG D H. Photoelectrocatalytic degradation of phenol using a TiO_2/Ni thin-film electrode[J]. Korean Journal of Chemical Engineering, 2003, 20: 679-684.

[9] KUROMOTO N, SIMÄO R, SOARES G. Titanium oxide films produced on commercially pure titanium by anodic oxidation with different voltages[J]. Materials Characterization, 2007, 58: 114-121.

[10] FLAVEL B, YU J X, SHAPTER J, et al. Electrochemical characterisation of patterned carbon nanotube electrodes on silane modified silicon[J]. Electrochimica Acta, 2008, 53: 5653-5659.

[11] CHANG J H, ELLIS A, HSIEH Y H, et al. Electrocatalytic characterization and dye degradation of Nano-TiO_2 electrode films fabricated by CVD[J]. Science of the Total Environment, 2009, 407:5914-5920.

[12] ZHOU X, ZHANG J, MA Y, et al. Construction of Er^{3+}:$YAlO_3$/RGO/TiO_2 hybrid electrode with enhanced photoelectrocatalytic performance in methylene blue degradation under visible light[J]. Photochemistry & Photobiology, 2017, 93: 1170-1177.

[13] VALENCIA S, CATAÑO F, RIOS L, et al. A new kinetic model for heterogeneous photocatalysis with titanium dioxide: case of non-specific adsorption considering back reaction[J]. Applied Catalysis B: Environmental, 2011, 104: 300-304.

[14] KIM J, CHO K J, HAN G, et al. Effects of temperature and pH on the biokinetic properties of thiocyanate biodegradation under autotrophic conditions[J]. Water Research, 2013, 47(1):251-258.

[15] MONOD J. Recherches sur la croissance des cultures bacteriennes[J]. Actualites Scientifique et Industrielles, 1958, 911.

[16] 于海斌, 王业耀, 宋存义. 生物降解氯苯的动力学模型研究[J]. 环境科学研究, 2011, 24: 268-272.

[17] 杨超. 吡啶生物降解过程中的电子流分布及生物降解动力学参数的求解[D]. 上海：上海师范大学, 2016.

[18] HAO O, KIM M, SEAGREN E, et al. Kinetics of phenol and chlorophenol utilization by acinetobacter species[J]. Chemosphere, 2002, 46: 797-807.

[19] WANG Q, LI Y, LI J, et al. Experimental and kinetic study on the cometabolic biodegradation of phenol and 4-chlorophenol by psychrotrophic *Pseudomonas putida* LY1[J]. Environmental Science and Pollution Research International, 2015, 22(1): 565-573.

[20] CHANG H, RITTMANN B. Mathematical modeling of biofilm on activated carbon[J]. Environmental Science & Technology, 1987, 21: 273-280.

[21] XIONG H F, ZOU D L, ZHOU D D, et al. Enhancing degradation and mineralization of tetracycline using intimately coupled photocatalysis and biodegradation (ICPB)[J]. Chemical Engineering Journal, 2017, 316: 7-14.

[22] HANNA K, CHIRON S, OTURAN M. Coupling enhanced water solubilization with cyclodextrin to indirect electrochemical treatment for pentachlorophenol contaminated soil remediation[J]. Water Research, 2005, 39: 2763-2773.

[23] HALIM A, AZIZ H, MEGAT JOHARI M A, et al. Comparison study of ammonia and COD adsorption on zeolite, activated carbon and composite materials in landfill leachate treatment[J]. Desalination, 2010, 262: 31-35.

[24] 马跃. 光催化与生物降解直接耦合降解四环素废水的反应动力学模型研究[D]. 吉林大学, 2018.

[25] KO C H, HSIEH P H, CHANG M W, et al. Kinetics of pulp mill effluent treatment by ozone-based processes[J]. Journal of Hazardous Materials, 2009, 168: 875-881.

[26] WANG D, LI Y, LI G P, et al. Modeling of quantitative effects of water components on the photocatalytic degradation of 17α-ethynylestradiol in a modified flat plate serpentine reactor[J]. Journal of Hazardous Materials, 2013, 254: 64-71.